Die krankheiterregenden Bakterien

Entstehung, Heilung und Bekämpfung der bakteriellen Infektionskrankheiten des Menschen

Max Löhlein

Alpha Editions

This edition published in 2022

ISBN : 9789356709676

Design and Setting By
Alpha Editions
www.alphaedis.com
Email - info@alphaedis.com

Contents

Vorwort.

Eine ganz kurze Behandlung der krankheiterregenden Bakterien findet sich im ersten Bändchen dieser Sammlung im letzten der »Acht Vorträge aus der Gesundheitslehre« von *H. Buchner*. – Im 233. Bändchen hat ferner *E. Gutzeit* die Lebensäußerungen der Spaltpilze und ihre Rolle im Haushalt der Natur *unter Ausschaltung der krankheiterregenden Arten* übersichtlich dargestellt.

Gerade das Sondergebiet der *pathogenen* Bakterien, das im Laufe der letzten Jahrzehnte eine außerordentlich fruchtbare Bearbeitung erfahren hat, soll in dem vorliegenden Bändchen nach dem heutigen Stande des Wissens erörtert werden, soweit dies ohne die Voraussetzung medizinischer Vorkenntnisse möglich und rätlich ist. Nur die für ein Verständnis der Wirkung der Schutzimpfungen und der Heilserumbehandlung unumgänglich notwendigen Grundvorstellungen über den Verlauf und die Heilung von Infektionskrankheiten und über die Entstehung der Immunität gegen Krankheitserreger habe ich (in Kapitel II und III) eingehender, als dies in anderen volkstümlichen Schriften über den Gegenstand geschehen ist, behandelt. Man mag den Versuch, unsere Kenntnisse auf diesen noch heiß umstrittenen Gebieten der Forschung gemeinverständlich darzustellen, für gewagt halten. Ich habe mich aber bemüht, unter Ausschaltung aller Hypothesen nur diejenigen Tatsachen anzuführen, die mir einerseits gesichert, anderseits für den gebildeten Laien wissenswert erscheinen. Hoffentlich ist mir dies gelungen.

Die Abbildungen sind, soweit sie nicht ausdrücklich als schematisch bezeichnet sind, von Herrn Maler *Kirchner* möglichst naturgetreu nach Präparaten meiner Sammlung gezeichnet.

Leipzig, im September 1909.

Dr. M. Loehlein.

Einleitung.

Kurzer Abriß der Geschichte der Erforschung der krankheiterregenden Spaltpilze. – *Athanasius Kircher*. – *Leeuwenhoek*. – Der Streit um die »Urzeugung«. – *Ferd. Cohn* und *Naegeli*. – *Pasteur* und *Robert Koch*. – Die Konstanz der Bakterienarten; die »Spezifität« der Krankheiterreger.

Unter den Krankheiten, die das Menschengeschlecht bedrohen, sind eine ganze Anzahl durch die auffällige Eigenschaft ausgezeichnet, »*ansteckend*« zu sein, d. h. von einem kranken Individuum auf ein anderes bisher gesundes übertragen werden zu können, so wie eine Feuersbrunst durch den Funken verbreitet wird, der vom brennenden Hause auf das Dach des Nachbarhauses überspringt und es »ansteckt«. Die furchtbarsten Beispiele aus dieser Krankheitsgruppe stellen die eigentlichen *Volksseuchen* dar, die – wie Pest und Cholera – seit Jahrtausenden der Menschheit unübersehbaren Jammer gebracht haben, die auch heute noch nicht endgültig besiegt sind, wohl aber – dank den Fortschritten der Wissenschaft in den letzten Jahrzehnten – für hochkultivierte Länder und Völker ihren Schrecken größtenteils eingebüßt haben. Die Menschheit hat Mittel kennen gelernt, diesen Gefahren mit Erfolg zu begegnen, seit als die *Ursache* der Seuchen kleinste Lebewesen erkannt wurden, Lebewesen, die größtenteils zu dem auf der Erde außerordentlich verbreiteten Reiche der *Spaltpilze* oder *Bakterien* gehören.

Schon lange vor der wissenschaftlichen Sicherstellung dieser wichtigen Tatsache hatten klar denkende Beobachter – Naturforscher und Ärzte sowohl wie auch Laien – die richtige Vorstellung gehabt, daß den Volksseuchen ein »belebter Ansteckungsstoff« (ein »contagium animatum«) zugrunde liege. Aber alle Versuche, dieses gefährliche Lebewesen zu finden und zu fassen, mußten an seiner Kleinheit scheitern: die Bakterien sind unsichtbar klein. Die größten unter ihnen haben Durchmesser von einigen Tausendsteln eines Millimeters (1/1000 mm wird als ein Mikron bezeichnet und 1 μ geschrieben), die kleineren einen solchen, der nur Bruchteile eines μ beträgt. Die ganze Welt der Spaltpilze von denen die *krankheiterregenden* nur einen ganz kleinen Teil bilden, blieb der Menschheit deshalb unbekannt, solange man leistungsfähige Vergrößerungsgläser – Mikroskope – noch nicht besaß. Die Erforschung dieser kleinen Wesen aber war in ihren Fortschritten auch nach der Herstellung des ersten Mikroskops abhängig von der Entwicklung und Verbesserung dieses Instruments, und sie ist auch heute noch längst nicht an ihrem Ende angelangt.[1]

Die ersten Beobachtungen von Bakterien sind gegen Mitte des 17. Jahrhunderts gemacht worden. Der gelehrte Jesuitenpater *Athanasius Kircher*, wohl der erste Mensch, der lebende Spaltpilze gesehen und beschrieben hat, besaß nur ein recht primitives Vergrößerungsglas, dem man den stolzen Namen Mikroskop heute kaum gönnen würde. Es soll eine 32fache (lineare) Vergrößerung ermöglicht haben, hat also gerade eben nur gestattet, größere Spaltpilze zu *sehen*. So ist es denn nicht verwunderlich, daß der gelehrte Pater, der ganz richtige Vermutungen über die Existenz kleinster *krankheiterregender* Lebewesen hegte, zu irrtümlichen Beobachtungen gelangte, da er außerstande war, Bakterien von anderen sehr kleinen Objekten zu unterscheiden. So fand *Kircher* bei einer im Jahre 1656 in Süditalien herrschenden »Pestseuche« mit Hilfe seines Vergrößerungsglases im Blute der Kranken kleine »Würmchen«, die er als die gesuchten krankheiterregenden Wesen ansprach – gewiß mit Unrecht, denn er hat wahrscheinlich nichts anderes gesehen als die sogenannten roten Blutkörperchen, kleine Scheibchen, die in unserem Blute immer vorhanden sind und einen seiner wichtigsten Bestandteile bilden. *Athanasius Kircher* war eben ganz auf dem richtigen Wege zum Ziele, aber mit seinen mangelhaften Hilfsmitteln konnte er es nicht erreichen.

Ein halbes Jahrhundert später erst gelang es den geschickten Händen *Antony van Leeuwenhoeks*, kleine Linsen so sorgfältig und gleichmäßig zu schleifen, daß sie alle bis dahin angefertigten an Vergrößerungskraft übertrafen; er vervollkommnete hierdurch und durch kleine anderweitige Kunstgriffe seine optische Ausrüstung in bisher noch nicht dagewesenem Maße und untersuchte nun – von Haus aus ohne jede naturwissenschaftliche Ausbildung – mit ihrer Hilfe allerhand Flüssigkeiten: Regenwasser, Pflanzenaufgüsse, Darminhalt von Tieren und Menschen, den eigenen Speichel u. a. m. mikroskopisch. Überall fand er – bald reichlicher, bald spärlicher – kleinste, vollkommen farblose »Tierchen«, die verschieden gestaltet, zum Teil lebhaft beweglich waren. Dank einer vorzüglichen Beobachtungsgabe und ebenso großer Zuverlässigkeit beschrieb *Leeuwenhoek* diese »Tierchen« so genau, daß wir sie heute mit Sicherheit als Bakterien wiedererkennen können. Auch gab er durchaus naturgetreue Abbildungen von ihnen, die die drei Hauptformen der Spaltpilze vollkommen richtig darstellen: alle die unzähligen Bakterien, die seitdem beobachtet worden sind, lassen sich ihrer Gestalt nach in kugelförmige (Mikrokokken), stäbchenförmige (Bazillen) und schraubenförmige (Spirillen) scheiden (s. Abb. 1). Freilich wechseln sie nach Dimensionen und kleinen Einzelheiten ihres Baues, wie wir sehen werden, in mannigfaltigster Weise, aber alle lassen sich auf einen der drei schon von *Leeuwenhoek* unterschiedenen Grundtypen zurückführen.

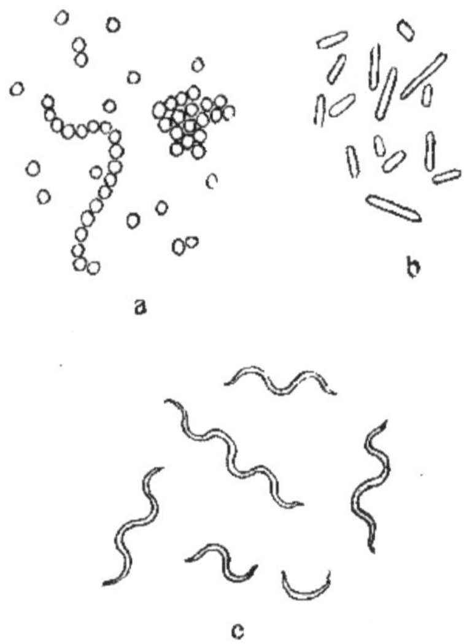

Abb. 1.
Die Hauptformen der Bakterien, schematisch. a Kugelbakterien (Kokken), b Stäbchenbakterien (Bazillen), c Schraubenbakterien (Spirillen).

Auf die Frage nach der Bedeutung der entdeckten Kleinlebewesen ging *Leeuwenhoek*, der aller Spekulation abhold war, gar nicht ein; er begnügte sich mit der Feststellung der Tatsachen, die die Existenz einer ganzen Welt kleinster Lebewesen bewiesen, von der man bislang kaum etwas geahnt hatte. Nur zu einer Frage nahm *Leeuwenhoek* Stellung: die Möglichkeit, daß die neu entdeckten »Tierchen« in das Blut eindringen und Krankheiten verursachen könnten, glaubte er – auf Grund falscher Vorstellungen von dem feineren Bau des menschlichen Körpers – ausschließen zu müssen. Darin hatte nun wiederum *Leeuwenhoek* trotz aller Überlegenheit seiner Beobachtungen unrecht gegenüber *Kirchers* richtigeren, aber falsch begründeten Anschauungen. Es hat aber ungefähr zwei Jahrhunderte langer wissenschaftlicher Forscherarbeit bedurft, bis die Rolle der Bakterien in der Natur und insbesondere ihre Bedeutung als Krankheitserreger in einwandfreier Weise klargestellt wurde.

Seit *Leeuwenhoeks* grundlegenden Beobachtungen hatte sich – mit zunehmender Verbreitung und allmählicher Verbesserung des Mikroskopes – eine immer größere Zahl von Naturforschern mit dem Studium der Bakterien abgegeben. Allmählich hatte sich die Anschauung durchgesetzt, daß die kleinen Lebewesen, die man zunächst, hauptsächlich weil man an manchen von ihnen lebhafte Fortbewegung beobachtete, als »Tierchen« angesehen hatte, dem *Pflanzen*reiche zugehörten. Wieder und wieder erörterte man auch die Rolle, die sie im Haushalt der Natur wohl spielen möchten; die richtige Anschauung, daß sie *Fäulnis-* und *Gährungsvorgänge verursachten*, tauchte immer von neuem auf, um immer wieder bekämpft zu werden, ebenso auch die Ansicht, daß Bakterien krankheiterregend wirken könnten. Es ist hier nicht möglich, ein auch nur annähernd vollständiges Bild von dem Chaos der Meinungen zu geben, die von *Kircher* bis *Pasteur* und *Koch* in dieser Frage zu Worte kamen.

Das allem Streite in letzter Linie zugrunde liegende naturwissenschaftliche Problem, das gelöst werden mußte, war dies: *Sind die Bakterien* ebenso wie höhere Pflanzen und Tiere *streng nach Arten gesondert*, so zwar, daß alle Bakterien, die wir finden, *von Individuen der gleichen Art abstammen*? Dürfen wir also annehmen, daß ein Kugelbakterium, dem wir begegnen, stets von Kugelbakterien der gleichen *Art* abstammt, ein Stäbchenbakterium von Stäbchenbakterien der gleichen Art – so wie wir es im höheren Tierreich und ebenso im Pflanzenreich gesetzmäßig finden? – Oder liegen bei diesen kleinsten Pilzen die Verhältnisse anders?

Sehr vieles sprach zugunsten der ersteren Anschauung; vor allem entsprach sie den Erfahrungen, die bei der Erforschung der lebenden Wesen unserer Erde bis dahin gesammelt waren. Der einwandfreie Nachweis ihrer Richtigkeit stieß aber auf eine sehr große Schwierigkeit: fast überall, wo wir in der Natur Bakterien in größeren Mengen begegnen, finden wir verschiedene, ja meist sogar sehr zahlreiche verschiedene Formen in buntem Durcheinander; z. B. treffen wir in einem Tröpfchen Zahnschleim regelmäßig kurze und lange, dünnere und dickere Stäbchen und Schrauben, daneben kleinere und größere Kugelbakterien miteinander vermengt (vgl. Abb. 2). Es war so gut wie unmöglich, an solchen Bakteriengemischen einwandfreie Beobachtungen über die Fortpflanzungsweise der Bakterien zu machen. So ist es verständlich, daß über diese Frage die Ansichten lange Zeit auseinandergingen.

Eine große Anzahl klar denkender Naturforscher nahm von vornherein den richtigen Standpunkt ein, auch diese Kleinlebewesen seien gewiß in Arten gesondert, und sie versuchten, sie den Prinzipien der beschreibenden Naturwissenschaften entsprechend nach ihren Gestaltmerkmalen in die natürlichen Arten zu ordnen. Der erste wesentliche Anlauf dazu wurde von dem berühmten dänischen Botaniker O. Fr. *Müller* genommen, ihm folgte der Deutsche *Ehrenberg* und später, in den 50er Jahren des 19. Jahrhunderts besonders *Ferdinand Cohn*.

Abb. 2.
Ausstrichpräparat von menschlichem Zahnschleim, gefärbt, etwa 1000fach vergrößert. Mannigfaltige Bakterien in buntem Gemisch.

Eine ganze Anzahl angesehener Forscher bekämpfte aber diese Versuche grundsätzlich; sie leugneten die Abstammung der Spaltpilze von Individuen der gleichen Art, weil sie glaubten, Beweise für eine ganz andere, sehr merkwürdige Entstehungsart der Bakterien zu besitzen, die man als »Urzeugung« oder »generatio spontanea« bezeichnete.2 Um diese Irrlehre entbrannte ein wissenschaftlicher Streit von größter Heftigkeit, an dem sich viele der angesehensten Naturforscher des 18. und 19. Jahrhunderts beteiligten.

Ihre Anhänger stützten sich auf die zunächst gewiß verblüffende Beobachtung, daß man in einer Flüssigkeit, z. B. in Milch, einige Zeit, nachdem man sie in einem gut verschlossenen Gefäß aufgekocht hat, massenhafte Bakterien finden kann. Sie folgerten nun: Da durch das Aufkochen alles Lebendige getötet sein mußte, ein Eindringen von Keimen von außen aber sorgfältig verhütet war, müssen die vorgefundenen Bakterien sich »von selbst« aus dem toten Substrat entwickelt haben.

Erst Anfangs der 60er Jahre des 19. Jahrhunderts gelang es Pasteur, dem berühmten französischen Naturforscher, diese Irrlehre für die ernsthafte wissenschaftliche Welt endgültig zu beseitigen, indem er den Nachweis erbrachte, daß man durch *genügende* Einwirkung von hohen Temperaturen *jede* Flüssigkeit völlig keimfrei machen (»sterilisieren«) könne. »Von selbst« bildeten sich z. B. in wirklich »sterilisierter« Milch niemals Bakterien; brachte man aber absichtlich welche hinein, so gediehen sie angezeichnet. Alle gegenteiligen Angaben beruhten auf Irrtümern, die meisten darauf, daß man die vielfach erstaunlich große Widerstandsfähigkeit der Bakterien gegen Erhitzung noch nicht gekannt und daher unterschätzt hatte.

Noch eine zweite Irrlehre machte den Anhängern der Lehre von der Konstanz der Bakterienarten viel zu schaffen. Ihr angesehenster Vertreter war der Botaniker *Naegeli*, der sicher festgestellt zu haben glaubte, daß aus Kugelbakterien Stäbchen, umgekehrt aus stäbchenförmigen Bakterien Kugelbakterien hervorgehen können, und der deshalb alle Versuche für verkehrt ansah, auf Grund der Größe und Gestalt verschiedene Bakterien*arten* zu unterscheiden. Wir wissen heute, daß derartige Übergänge, wie sie *Naegeli* beschrieb, in Wirklichkeit nie vorkommen, daß sie aber bei Anwendung unzureichender Beobachtungsmethoden leicht vorgetäuscht werden können. Die Fehlerquelle liegt in der vorhin schon erwähnten Tatsache, daß man in der Natur sehr häufig Bakterien*gemischen* begegnet. Beobachtet man ein solches Bakteriengemisch längere Zeit hintereinander, so kann es leicht vorkommen, daß man anfänglich fast nur Kugelbakterien darin sieht, später nur Stäbchenbakterien. Derartige Erscheinungen erklären sich dadurch, daß Spaltpilze sich je nach den Bedingungen, unter denen sie leben, mehr oder weniger rasch vermehren. Wenn nun z. B. in der gerade beobachteten Flüssigkeit eine Stäbchenbakterienart besonders günstige Bedingungen für ihr Gedeihen findet, so kann es vorkommen, daß sie alle andern neben ihr vorhandenen Keime überwuchert, ganz ähnlich, wie das bei höheren Pflanzen vorkommt. Man denke z. B. an das Unkraut im Weizen. Durch solches Überwuchern kann dann eine »Umwandlung« der einen Form in eine andere *vorgetäuscht* werden.

Solange aber das Irrtümliche dieser Beobachtungen nicht erwiesen war, konnte auch die Ansicht von der Konstanz der Bakterienarten nicht zum Siege gelangen, obwohl ihr seit der Mitte des 19. Jahrhunderts immer neue Stützen durch das Studium der *Lebensäußerungen* der Kleinlebewesen erwuchsen. So zeigte *Pasteur*, daß man bei jeder besonderen Art der Gärung ganz regelmäßig *bestimmte*, unter sich übereinstimmende, von den bei anderen Gärungen nachweisbaren aber verschiedene Mikroorganismen antreffe. Er schloß mit vollem Recht daraus, daß eine bestimmte *Art* von Gärungserregern notwendig sei, um gerade diesen oder jenen Gärungsvorgang zu bewirken.

Ganz analoge Beobachtungen, denen analoge Schlußfolgerungen entsprachen, hatte man inzwischen bei einzelnen infektiösen Krankheiten gemacht, vor allem bei der als »Milzbrand« bezeichneten Viehseuche.

Schon im Jahre 1849 hatte der deutsche Tierarzt *Pollender* im Blute von Rindern, die dieser Krankheit erlegen waren, mikroskopisch kleine, schlanke, völlig unbewegliche Stäbchen gesehen, die sich niemals im Blute gesunder Tiere fanden. Andere Forscher berichteten über ganz gleichartige Beobachtungen, so *Rayer* und *Davaine*, *Brauell*. Sie folgerten mit Recht daraus, daß diese Stäbchenbakterien, die sich nie im Blute gesunder, sondern *nur* im Blute an Milzbrand gefallener Tiere, darin aber *regelmäßig* fanden, die Ursache der Krankheit, deren »Erreger« seien.

Forscher, die an die Artverschiedenheit der Bakterien nicht glaubten, ließen sich aber auch hiervon noch nicht überzeugen. Sie sagten: Da die Bakterien konstante Formen an sich überhaupt nicht besitzen, so ist das Auftreten bestimmter Formen *unter bestimmten Bedingungen* nur so zu erklären, daß *infolge* dieser Bedingungen die Spaltpilze eben gerade in dieser Form erscheinen, während sie unter anderen Bedingungen eine ganz andere zeigen.

Das mochte unwahrscheinlich klingen, *widerlegen* ließ sich aber der Einwand nicht, und er wurde in der Folgezeit auch gegen zahlreiche analoge Befunde geltend gemacht, die hauptsächlich von wissenschaftlichen Medizinern erhoben wurden. Unter diesen brach sich trotz aller Einwände immer mehr die Überzeugung Bahn, daß bestimmten Infektionskrankheiten bestimmte, nach Gestalt und Größe und anderen Eigenschaften wohl unterscheidbare Bakterien zugrunde liegen. Besonders waren es eine Reihe deutscher Pathologen – *Rindfleisch*, *v. Recklinghausen*, *Klebs* u. a. – die in den Kriegsjahren 1870 und 1871 zahlreiche Beobachtungen über das Vorkommen kugelförmiger Bakterien (Mikrokokken) im Wundeiter sammelten und deren ursächliche Bedeutung für die Wundkrankheiten vertraten.

Ausschlaggebend wurden aber erst die Arbeiten des deutschen Gelehrten *Robert Koch*, vor allem seine entscheidenden Beobachtungen über die Milzbrandkrankheit.

Schon *Rayer* und *Davaine* und *Brauell* hatten sich bemüht, der Bedeutung der im Blute von milzbrandkranken Tieren gefundenen Stäbchen auf experimentellem Wege noch weiter auf den Grund zu kommen. Sie hatten festgestellt, daß die Übertragung solchen stäbchenhaltigen Blutes auf gesunde Tiere mit Sicherheit die charakteristischen Erscheinungen des Milzbrandes bei diesen zur Folge hatte. Auch diese Beobachtung hatte man aber in ihrer Beweiskraft angefochten, indem man einwandte, die Stäbchen seien ausschließlich die Begleiterscheinung der Erkrankung, deren eigentliche Ursache bilde ein Gift, das außer jenen noch im Blute vorhanden gewesen und mit ihm denn auch dem gesunden Versuchstier eingeimpft worden sei.

Die Widerlegung dieses Einwandes, die die endgültige Wendung in den Anschauungen vom Wesen und Wirken der Bakterien überhaupt nach sich zog, gelang *Robert Koch* auf folgende Weise: Er brachte kleine Mengen stäbchenhaltigen Blutes an Milzbrand gefallener Tiere in Reagensgläschen, die mit Fleischbrühe gefüllt waren, die durch ausgiebiges Erhitzen völlig keimfrei gemacht worden war. Diese Röhrchen wurden dann bei Körpertemperatur im Dunklen gehalten; nach einiger Zeit zeigte sich, daß die Stäbchen sich darin sehr stark vermehrt hatten. In welcher Weise diese Vermehrung zustande kommt, mag hier unerörtert bleiben. Man nennt ein solches mit Nährsubstrat gefülltes Röhrchen, in dem man künstlich eine Entwicklung von Bakterien veranlaßt hat, eine »Kultur«. Trug *Koch* nun eine ganz kleine Menge dieser Fleischbrühe-»Kultur« in ein zweites steriles Fleischbrüheröhrchen ein, so wuchsen – wieder unter den oben angegebenen Bedingungen – abermals gleichartige Stäbchen in reichen Mengen aus; von dem zweiten ließ sich ein drittes Röhrchen besäen, von diesem ein viertes und so fort; immer wieder entwickelten sich ausschließlich Keime von der charakteristischen Gestalt der ursprünglich zur Aussaat benutzten Bazillen, die sich im Blute befunden hatten. Die Stäbchen eines jeden Röhrchens repräsentierten gewissermaßen eine »Generation« der Bazillen. Und nun zeigte sich, daß auch die Stäbchen der 10. Kulturgeneration oder einer beliebigen noch späteren die Eigenschaft besaßen, »Milzbrand« zu verursachen, wenn man sie einem gesunden Rinde einimpfte.

Damit war nun auch der letzte Einwand entkräftet: den Stäbchen der 10. Kulturgeneration haftete sicherlich auch nicht die kleinste Spur von Blut mehr an, somit auch sicherlich keine Spur des von den Gegnern supponierten besonderen Krankheitsgiftes. Da sie ganz allein bei gesunden Tieren Milzbrand hervorriefen, so mußten sie eben als die Ursache der Krankheit anerkannt werden. Die Beweise dafür waren unwiderleglich.

So war endlich – zunächst für einen Spezialfall – die für alle Zeiten unverlierbare Erkenntnis gewonnen, daß *Bakterien von ganz bestimmten und konstanten Gestaltmerkmalen auch eine ganz bestimmte Wirksamkeit entfalten, und daß sowohl die Gestaltmerkmale als auch die Lebensäußerungen sich von Generation zu Generation bei ihnen vererben.* Der letzte Einwand gegen die Lehre von der Konstanz der Bakterien*arten* war damit beseitigt und der Sieg dieser Lehre ein für allemal errungen.

Worin war die entscheidende Beweiskraft dieser *Koch*schen Beobachtungen begründet? Offenbar hierin, daß er einwandfrei hatte zeigen können, daß die *Milzbrandbazillen ganz allein* für sich die Krankheit auszulösen imstande waren. Vorbedingung für das Gelingen dieses Beweises war, daß in dem ersten zur Aussaat benutzten Blutströpfchen *ausschließlich Milzbrandbazillen*, aber keinerlei andere Bakterien vorhanden waren. Wäre das letztere der Fall gewesen, so hätten sich in *Kochs* Bouillonröhrchen auch diese andersartigen Keime vermehrt, er hätte weiterhin also wieder mit Bakterien*gemischen* zu tun gehabt, wie wir sie in der Natur auch sonst überall anzutreffen gewohnt sind. Damit wäre die Beweiskraft seiner Experimente verloren gewesen. Unter den hierfür besonders günstigen Bedingungen des speziellen Falles der Milzbrandkrankheit war es *Koch* also gelungen, sofort *reine* Kulturen (»*Reinkulturen*«) der krankheiterzeugenden Bakterienart zu erzielen.

Es leuchtet ein, daß der weitere Ausbau der Lehre von den Spaltpilzen davon abhing, daß Methoden gefunden wurden, um die zahllosen Bakterien, denen man begegnete, nun ebenfalls an »Reinkulturen« zu studieren, oder, wie man zu sagen pflegt, sie zu »isolieren«. Dies Ziel hatten schon verschiedene Forscher auf mannigfaltige Weise und zum Teil auch mit einigem Erfolg angestrebt3; doch war z. B. ein von Lord *Lister* für diesen Zweck angegebenes Verfahren sehr umständlich und auch nicht immer von Erfolg gekrönt.

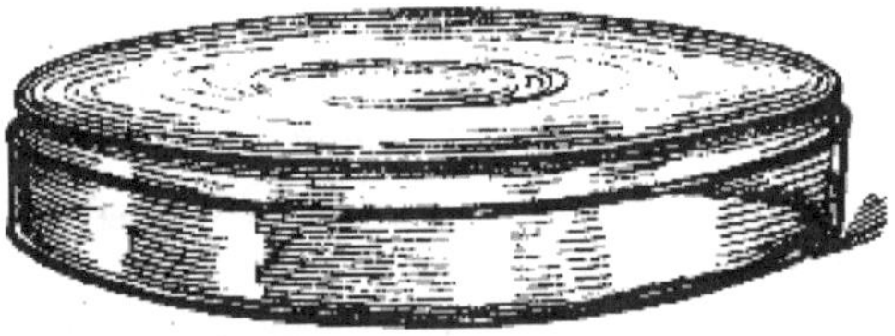

Abb. 3.
Doppelschälchen (Petrische Schale) zur Plattenkulturmethode.

Robert Koch verdankt die Bakteriologie auch in dieser Hinsicht den entscheidenden Fortschritt durch die Einführung einer einfachen, aber höchst sinnreichen und zuverlässigen Methode. Nehmen wir an, in ein steriles Fleischbrüheröhrchen gelangen durch Impfung mit bakterienhaltigem Material auch nur zwei Keime verschiedener Art, so werden sich beide vermehren, und ihre Abkömmlinge müssen in der Flüssigkeit durcheinander geraten, indem sie teils dem Gesetze der Schwere folgend nach dem Boden sinken, teils bei Erschütterungen des Röhrchens durcheinander geschüttelt werden, teils auch indem sie infolge eigener selbständiger Bewegungen hierhin und dorthin gelangen; denn manche Bakterien sind, wie wir noch erörtern werden, beweglich. – Diese Vermischung der verschiedenen Keime wird aber vermieden werden können, wenn man die zur Aussaat benutzten Bakterien irgendwie zwingt, sich ausschließlich an *der* Stelle zu vermehren, an der sie bei Beginn des Verfahrens lagen. Das erreichte *Koch* durch Zusatz von 10% Gelatine zu der Kulturbouillon; er erhielt dadurch einen Nährboden, der bei leichter Erwärmung – etwa auf Körpertemperatur – flüssig ist, bei etwa 22° aber erstarrt. Impft man den erwärmten und in diesem Zustand flüssigen

Nährboden mit einer ganz kleinen Menge bakterienhaltigen Materials, und breitet man ihn nun durch Ausgießen auf einer Glasplatte oder in einer flachen Schale (vgl. Abb. 3) in dünner Schicht aus, so daß die Flüssigkeit (bei geeigneter Temperatur) bald erstarrt, so bleiben die einzelnen Keime an der Stelle liegen, wo sie sich im Moment des Erstarrens gerade befanden. Wenn die nötigen Bedingungen zu ihrer Vermehrung erfüllt sind, werden sich aus jedem Keim nun an der ihm angewiesenen Stelle zahllose Abkömmlinge der gleichen Art entwickeln; so entstehen auf und in der Gelatineplatte sogenannte »Kolonien«, die aus unzähligen Spaltpilzen der gleichen Art gebildet sind. Es ist leicht einzusehen, daß man bei geeigneter Übertragung einer kleinen Menge Materials von einer solchen »isolierten« Kolonie in ein Bouillonröhrchen nunmehr wieder nur Entwicklung der Bakterien einer einzigen Art, also eine Reinkultur erhalten wird, obwohl zur Aussaat in dieser ganz »kleinen Menge« schon Tausende von Spaltpilzen gelangten.

Während wir den einzelnen Spaltpilz nur mit Hilfe der besten Vergrößerungsinstrumente sehen können, sind »Kolonien«, die aus vielen Tausenden von Individuen bestehen, mit bloßem Auge wahrnehmbar, ja sie erreichen oft ganz beträchtlichen Umfang, etwa die Größe einer Linse, ja noch erheblichere Maße. Ebenso wie die Individuen einer Bakterienart sind nun auch deren Kolonien durch charakteristische Gestaltmerkmale abgezeichnet, die der geübte Beobachter mit bloßem Auge oder mit Hilfe schwacher Vergrößerungen erkennen kann (vgl. unten die Abb. 16 und 26).

Allgemeiner Teil.

Kapitel I.

Die wichtigsten Methoden der modernen Bakterienbeobachtung. Mikroskopische Beobachtung lebender Spaltpilze; ihre Gestalt, Größe, Beweglichkeit. – Gefärbte Ausstrichpräparate; elektive Färbungen. – Die Sporenbildung und die Sterilisierungsmethoden. – Mannigfaltige Wachstumsbedingungen der verschiedenen Spaltpilzarten. – Ansprüche an Temperatur, Sauerstoff, Reaktion und besondere Zusammensetzung der Nährböden. – Das Tierexperiment als Mittel bakteriologischer Forschung.

Man kann den Beginn der modernen Ära der Bakteriologie geradezu von der Einführung der »Plattenmethode« durch *Robert Koch* datieren. Denn dieses Verfahren ermöglichte es weiten Kreisen der Naturforscher, Bakterienarten zu isolieren, jede einzelne von ihnen genau mikroskopisch zu untersuchen und auch ihre Lebensbedingungen und Lebensäußerungen zu studieren. Je nach dem einzelnen Falle geschieht dieses Studium mit immer wechselnden, immer neuen und im Laufe der Zeit immer mehr verfeinerten Methoden, von deren wichtigsten wir uns ein Bild verschaffen müssen, um die Forschungsergebnisse der medizinischen Bakteriologie verstehen zu können.

Haben wir isolierte Kolonien von einer Bakterienart gewonnen, so untersuchen wir sie zunächst mit Hilfe des Mikroskops auf alle diejenigen Eigenschaften hin, die wir durch unmittelbare Beobachtung erkennen können. Wir verteilen zu diesem Zweck eine Spur von dem weichen feuchten Material einer über die Oberfläche des Nährbodens sich emporwölbenden Kolonie mit Hilfe eines Platindrahtes in einem Wassertröpfchen, das wir zuvor auf die Mitte eines sehr dünnen quadratischen Glasplättchens von etwa 18 mm Seitenlänge – eines »Deckgläschens« – gebracht haben. Dann legen wir dieses Deckgläschen, so wie die Abbildung 4 es zeigt, umgekehrt in der Weise über die Aushöhlung eines zweiten stärkeren und etwas größeren Glasplättchens, eines »hohlgeschliffenen Objektträgers«, daß das Tröpfchen in dessen Aushöhlung frei hineinragt. Rings um die Aushöhlung haben wir vorher ein wenig Vaseline verteilt, so daß das Deckgläschen etwas fester haftet, während gleichzeitig der kleine Hohlraum, in dem sich das Tröpfchen nunmehr befindet, abgeschlossen ist, wodurch eine rasche Verdunstung des Wassers verhütet wird.

Abb. 4.
Hohlgeschliffener Objektträger mit »hängendem Tropfen«.

Nun betrachten wir mit dem Mikroskop[4] bei sehr starker Vergrößerung dieses Tröpfchen. Das ist freilich nicht ganz so leicht auszuführen, wie es sich anhört; es setzt nicht nur eine genaue Kenntnis der Einrichtung unserer modernen, recht komplizierten Bakterienmikroskope, sondern außerdem noch einige Übung des Auges und der Hand voraus. Denn die lebenden Bakterienzellen sind, abgesehen von ihrer Kleinheit, auch deshalb nur schwer wahrnehmbar, weil sie, von verschwindenden Ausnahmen abgesehen, völlig *farblos* sind und außerdem nur ein geringes Lichtbrechungsvermögen besitzen.

Bei einiger Übung werden wir aber bald erkennen, daß wir ein Kugelbakterium, ein Stäbchen- oder ein Schraubenbakterium vor uns haben. Mit wachsender Übung vermögen wir – unter Umständen auf den ersten Blick – besonders charakteristische Bakterienarten zu erkennen. Anderseits können wir bei sorgfältiger Beobachtung feine Unterschiede der Formen unter den Angehörigen der drei Grundtypen bald auffinden: so weichen z. B. manche Mikrokokken ein klein wenig von der Kugelgestalt ab, sie sind ein wenig abgeplattet; eine andere Art ist ein klein wenig längsoval, usf. Zur Unterscheidung der Kugelbakterienarten, die im allgemeinen der Eigenbewegung ermangeln, kann uns auch die Art ihrer Lagebeziehungen im hängenden Tropfen wichtige Dienste leisten. Manche Arten bilden in einer Kultur regelmäßig perlschnurartige, kürzere oder längere, 3 bis 5, ja bis 30 und mehr einzelne Glieder aufweisende Ketten (Kettenkokken oder Streptokokken, vgl. Abb. 28, 29). Andere dagegen lagern sich zu weintraubenförmigen Häufchen zusammen und werden danach als Staphylokokken (ἡ σταφυλή die Weintraube) bezeichnet (vgl. Abb. 26). Zwischen den verschiedenen Arten der Stäbchen- und Schraubenbakterien bestehen ferner Unterschiede nach der Länge und Dicke und nach dem Verhältnis des Längen- zum Dickendurchmesser: so begegnen wir langen und schlanken, langen und plumpen, kurzen und schlanken, kurzen und plumpen Stäbchen- und Schraubenformen. Wenn wir sie genau betrachten, so können wir oft noch weitere feine Unterschiede zwischen den verschiedenen Arten erkennen: die einen besitzen abgerundete Enden, die anderen kantige, manche zeigen die Neigung, dadurch, daß mehrere Individuen aneinander haften, Fäden zu bilden, und so gibt es noch eine ganze Reihe feiner Gestaltmerkmale, die der sorgfältige Beobachter zu berücksichtigen hat.

Von sehr großer Bedeutung für die Erkennung einer bestimmten Bakterienart ist eine sorgfältige Feststellung ihrer *Größe*; wie alle anderen

Eigenschaften der Gestalt, so sind auch die Durchmesser im großen und ganzen bei den Individuen einer und derselben Art entweder genau übereinstimmend oder doch nur in ganz bestimmten Grenzen schwankend. Zur exakten Feststellung der Durchmesser von Spaltpilzen besitzt man in neuerer Zeit sehr feine Meßinstrumente, die bei genauer Berücksichtigung der jeweiligen mikroskopischen Vergrößerung sehr exakte Resultate liefern.

Freilich ist die Konstanz der Größenmaße einer bestimmten Bakterienart wiederum keine absolute: gerade so wie höhere Pflanzen oder auch Tiere unter ungünstigen Bedingungen klein bleiben, unter günstigen Bedingungen sich üppig entwickeln, kann man auch bei Spaltpilzen je nach ihren Lebensbedingungen Unterschiede in der Größe innerhalb gewisser Grenzen feststellen; umgekehrt können auch im Absterben begriffene, degenerierende Bakterien sich durch Auftreibung ihrer Membran stark vergrößern, wobei sie meist auch unregelmäßige Formen annehmen.

Niemals dagegen zeigen sich innerhalb der Individuen der gleichen Art Unterschiede in Eigenschaften, die auf wesentlichen Zügen der Organisation beruhen. Eine der wichtigsten derartigen Eigenschaften ist die der *Eigenbeweglichkeit.* Ihr Besitz oder Mangel spielt bei der Unterscheidung der Stäbchenbakterien eine sehr wesentliche Rolle: es gibt auf der einen Seite sehr lebhaft bewegliche Bakterienarten, auf der anderen gänzlich unbewegliche und endlich auch solche, die eine schwache Beweglichkeit besitzen; aber niemals trifft man in einer Reinkultur von unbeweglichen Bakterien, z. B. des Milzbrandbazillus, auch nur ein einziges Individuum, das im geringsten Grade selbständig seinen Platz wechselt. Die Fähigkeit, sich vorwärts zu bewegen, verdanken die beweglichen Bakterienarten dem Besitze sogenannter »*Geißeln*«, ganz außerordentlich feiner kontraktiler Fäden, die man an den lebenden Bakterienzellen nur ausnahmsweise unmittelbar unter dem Mikroskop erkennen kann, nämlich bei einigen der größten Bakterienarten, die existieren. Bei den allermeisten übrigen kann man die Geißeln nur mit Hilfe komplizierterer Methoden zur Darstellung bringen, von denen sogleich noch die Rede sein wird.

Neben der Beobachtung im frischen Zustande bedienen wir uns in ausgedehntem Maße der Untersuchung von sogenannten »Ausstrichpräparaten«. Auch diese wichtige Beobachtungsmethode ist im wesentlichen von *Robert Koch* ausgebildet worden. Auf einem Deckgläschen oder auf einer kleinen etwa 1 mm dicken Glasplatte (einem sogenannten Objektträger) verteilt man mit einem kleinen Flüssigkeitströpfchen eine Spur des zu untersuchenden Bakterienmaterials – so viel wie an der Spitze einer Nadel haftet – und läßt es antrocknen. Man »fixiert« dann den Ausstrich, indem man ihn einige Male mäßig rasch durch die Flamme eines Bunsenbrenners zieht, oder indem man ihn mit bestimmten Fixierungsflüssigkeiten, z. B. absolutem Alkohol, behandelt; die gebräuchlichste Methode für Bakterienausstriche ist die Flammenfixierung. Durch die starke Erhitzung wird die Bakterienzelle in ihrer Form erhalten und gleichzeitig an der Stelle des Gläschens festgehalten, an der sie sich gerade befindet. Dann tropft man auf den Objektträger eine kleine Menge einer Farbstofflösung; meist verwendet man eine der sehr lebhaft färbenden Anilinfarben, Methylenblau, Genzianaviolett oder andere. Nach kurzer Zeit – je nach der angewandten Farblösung nach einigen Sekunden oder einigen Minuten – spült man den Objektträger mit reinem Wasser sorgfältig ab, trocknet ihn gründlich mit Fließpapier ab, bringt dann ein Tröpfchen Kanadabalsam auf den nun gefärbten Ausstrich, deckt darauf ein Deckgläschen und hat ein vorschriftsmäßiges Ausstrichpräparat vor sich, das nun mikroskopisch untersucht werden kann. Hier betrachtet man also nicht mehr die lebenden Bakterien, sondern die angetrockneten »Bakterienleichen«, die eine tiefe gleichmäßige Färbung angenommen haben und weit leichter ins Auge fallen als ungefärbt im hängenden Tropfen, während sie anderseits im großen und ganzen ihre charakteristischen Gestaltmerkmale behalten haben.

Auch die Färbemethoden sind im Laufe der Zeit immer mehr ausgebildet worden und haben für die Unterscheidung von Bakterienarten sehr wichtige Hilfsmittel geliefert. Man hat nämlich gefunden – die erste und wichtigste Feststellung dieser Art, die die färberische Eigenart des Tuberkelbazillus betrifft, stammt wiederum von *Robert Koch* –, daß manche Bakterienarten bestimmte Farbstoffe leichter, andere schwerer annehmen, daß aber auch *gesetzmäßige* Unterschiede bestehen hinsichtlich der Zähigkeit, mit der sie den einmal angenommenen Farbstoff unter bestimmten Bedingungen, z. B. unter der Einwirkung eines entfärbenden Mittels, festhalten bzw. wieder fahren lassen. Solche Unterschiede im »färberischen Verhalten« können auf Grund ihrer Gesetzmäßigkeit oft zur Unterscheidung zweier Bakterienarten dienen, die sich im übrigen sehr ähneln. Wenn man z. B. weiß, daß ein bestimmtes *krankheit*erregendes Bakterium nach einer gewissen Methode färbbar ist, ein anderes ihm sonst recht ähnliches unschuldiges Bakterium aber nicht, so kann man diese Färbemethode zu einer raschen Entscheidung darüber heranziehen, ob man es in einem gegebenen Falle mit dem betr. pathogenen Bakterium zu tun hat oder nicht. Man färbt ein Ausstrichpräparat von dem zu untersuchenden Material nach der entsprechenden Methode und untersucht es mikroskopisch; sind die verdächtigen Bakterien nun gefärbt, so gehören sie – vorausgesetzt, daß sonst hinreichende Beweise dafür vorliegen – zu der pathogenen5 Art; sind sie nicht gefärbt, so gehören sie dieser sicher *nicht* an. Solche Entscheidungen können oft sehr wertvoll sein, besonders auch deshalb, weil sie meist selbst wenig Zeitaufwand erfordern, oft aber weitere schwierigere und zeitraubende Untersuchungen mit anderen Methoden entbehrlich machen.

Die Verwendung komplizierter Färbemethoden hat verschiedene Forscher zu allerhand vorläufig noch nicht gut untereinander vereinbaren Anschauungen über den feineren Bau der einzelnen Bakterienzelle geführt. Wir müssen von deren Erörterung absehen und uns vorläufig damit begnügen, uns deren Bau als einfachster Art vorzustellen. Einen Kern, wie die einzelligen Tiere (Protozoen) z. B. die Amoeben, oder wie die Zellen aller höheren Tiere und Pflanzen besitzen die Spaltpilze danach nicht; sie bestehen aus dem Protoplasma und einer Membran, von der die *Geißeln* bei den beweglichen Formen ausgehen.

Abb. 5.
Bakterien mit Geißeln; verschiedene Typen des Geißelapparates (schematisch) a eine Geißel an einem Ende der Zelle, b je eine Geißel an jedem Ende der Zelle, c Geißelbüschel an jedem Ende der Zelle, d zahlreiche Geißeln entspringen an allen Teilen der Membran der Zelle.

Mit Hilfe besonderer Färbeverfahren, deren erstes von *Löffler*, einem der ältesten Schüler *Robert Kochs*, angegeben worden ist, kann man diese *Geißelfäden* der Bakterien zur Darstellung bringen. Auch diese feinsten Gebilde zeigen bei den *verschiedenen* Bakterien*arten* ein *verschiedenes*, bei den einzelnen *Individuen der gleichen Art* aber stets *übereinstimmendes* Verhalten hinsichtlich ihrer Zahl und ihrer Anordnung. So gibt es bewegliche Stäbchen, die nur an einem Ende eine einzige Geißel haben, andere tragen eine solche an jedem ihrer Enden, wieder andere besitzen eine große Anzahl von Geißeln, die von den verschiedensten Stellen ihrer Oberfläche nach allen Seiten hin ausstrahlen (vgl. Abb. 5). Auch Zahl und Anordnung der Geißeln kann, wenn sie für eine gegebene Bakterienart einmal genau studiert ist, als Unterscheidungsmerkmal dieser Art neben anderen Eigenschaften dienen.

Unter den *Lebensvorgängen*, die der unmittelbaren Beobachtung zugänglich sind, beansprucht vor allem die Art und Weise der *Fortpflanzung* unser Interesse. Gerade ihre zuverlässige Beobachtung ist durch die *Koch*sche Isolierungsmethode außerordentlich erleichtert worden, wenn auch schon *vor Koch* vielfach richtige Ansichten über die Art und Weise, wie die oft enorme Vermehrung von Bakterien im einzelnen zustande kommt, gewonnen worden sind. Die Vermehrung der Bakterien erfolgt auf eine sehr einfach erscheinende Weise durch *Spaltung*. Der Mikrokokkus, das Kugelbakterium, das sich zur Teilung anschickt, zeigt eine langsame Vergrößerung einer seiner Achsen, dann eine Einschnürung in der Mitte und endlich eine vollkommene Abschnürung von zwei neuen Tochterkugeln. Ganz analog ist der Teilungsvorgang bei Stäbchen- und Schraubenbakterien, die nach anfänglichem Längenwachstum durch Querteilung in zwei Tochterindividuen zerfallen (vgl. Abb. 6).

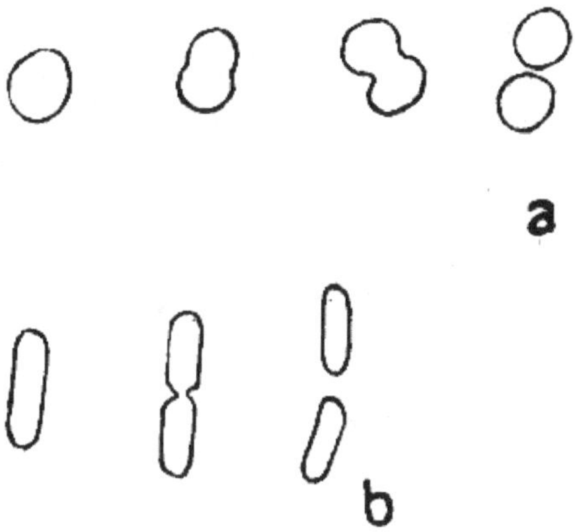

Abb. 6.
Teilung durch Spaltung. a Teilung eines Kokkus b eines Stäbchens.
(Schematisch.)

Bei einer beschränkten Zahl von Bakterienarten dient noch ein anderer sehr merkwürdiger Vorgang der *Erhaltung der Art – nicht* eigentlich der *Fortpflanzung*: es ist dies die bei manchen Stäbchenarten unter bestimmten Bedingungen vorkommende Bildung von sogenannten *Sporen*, eigentümlichen, durch ihr Aussehen und ihre besonderen Eigenschaften in gleicher Weise von den Bakterienzellen unterschiedenen Gebilden. Im ungefärbten Zustand, z. B. im hängenden Tropfen, fallen diese Sporen durch ihren starken Glanz auf: sie besitzen ein viel stärkeres Lichtbrechungsvermögen als die Bakterienzellen; ihre Anordnung ist bei verschiedenen Arten verschieden, aber bei jeder sporenbildenden Bakterienart charakteristisch. Bei einzelnen Arten bilden sie sich im Innern des Stäbchens (Endosporen), bei anderen Arten treten sie regelmäßig an den Enden auf (endständige Sporen; vgl. Abb. 7). Die Bildung dieser Sporen geht in der Weise vor sich, daß zunächst kleine stärker lichtbrechende Körnchen in dem Bakterienkörper auftreten, die dann an Größe zunehmen und schließlich die ganze Dicke der Bakterienzelle einnehmen, ja übertreffen können. Die Bakterienzelle selbst pflegt schließlich zu zerfallen, so daß nur die freie Spore übrig bleibt (vgl. Abb. 7 c). Bei Färbung mit den gewöhnlichen Anilinfarben bleiben die Sporen im Gegensatz zu dem Bakterienkörper ungefärbt. Die hervorstechendste Eigentümlichkeit dieser

Sporen ist ihre ganz außerordentlich große Widerstandsfähigkeit gegenüber allen möglichen physikalischen Einflüssen, denen die Bakterienzellen selbst erliegen. So vertragen sie viel höhere Grade der Austrocknung als jene, vor allem aber auch sehr viel stärkere Erhitzung, ohne abzusterben. Sie bleiben z. B. beim einmaligen Aufkochen einer Flüssigkeit am Leben und besitzen nun die weitere Fähigkeit, unter geeigneten Bedingungen wieder zu Bakterienzellen auszukeimen, die sich entweder durch Spaltung vermehren oder unter anderen Bedingungen wieder durch Sporenbildung gegen den Untergang schützen können. Sporenbildende Bakterien sind es z. B., die in der einmal kurz aufgekochten Milch nicht mit anderen zugrunde gehen, und sie sind denn auch die letzte Ursache der Irrlehre von der »generatio spontanea« gewesen (vgl. o.).

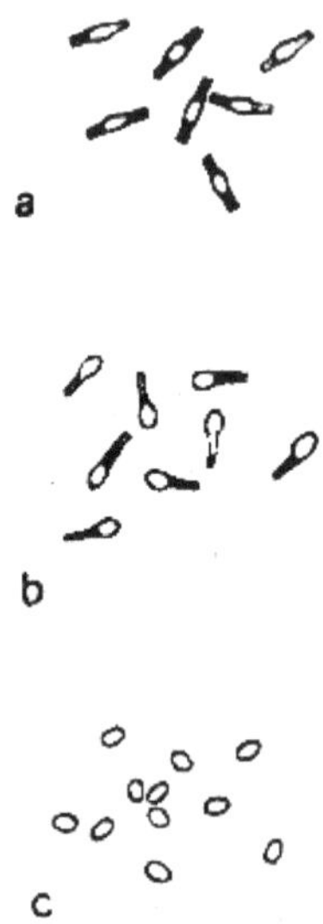

Abb. 7.
Sporenbildung. a mittelständige Sporen, Endosporen, b endständige Sporen, c freie Sporen.

In den Lebensbedingungen der Spaltpilze, soweit sie bisher erforscht sind, zeigt sich wenn möglich eine noch größere Mannigfaltigkeit als in deren Bau. Aber auch hier steht der Fülle der wechselnden Erscheinungen eine sich bis auf die kleinsten Einzelheiten erstreckende gesetzmäßige *Konstanz der Eigenschaften* gegenüber, sobald wir eine *bestimmte* Bakterienart untersuchen.

Gewisse Lebensbedingungen sind allen Spaltpilzen gemeinsam: alle sind in hohem Maße empfindlich gegen die Einwirkung des Lichts; im hellen Tageslichte gehen sie bald zugrunde. Unerläßliche Bedingung für ihre Fortpflanzung ist Dunkelheit. Alle Spaltpilze bedürfen weiterhin, wie alle lebenden Wesen, der Nahrung. Vor allem können sie das *Wasser* nicht entbehren. Aber schon in diesem Punkte treten deutliche Unterschiede zwischen den verschiedenen Arten hervor, insofern als die einen unvergleichlich viel empfindlicher gegen Eintrocknung sind als andere. Besonders widerstandsfähig gegen diese Schädigung sind natürlich, wie wir vorher schon kurz erwähnten, diejenigen Arten, die die Fähigkeit besitzen, resistente Dauerformen, Sporen, zu bilden.

Gemeinsam ist allen Bakterien weiterhin, daß sie einer gewissen *Wärme* bedürfen, um sich zu vermehren; aber auch in dieser Beziehung sind die Bedürfnisse der einzelnen Arten ganz außerordentlich verschieden. Jede einzelne Art besitzt eine genau bestimmbare Temperaturbreite von sehr wechselndem Ausmaß, innerhalb deren sie zur Vermehrung befähigt ist, und für jede einzelne Art kann man innerhalb dieser Zone eine Temperatur finden, bei der das Wachstum am üppigsten vor sich geht, das sogenannte Temperaturoptimum des betreffenden Bakteriums. Alle dem Menschen als Infektionserreger gefährlichen Arten können, wie man von vornherein vermuten wird, bei der Temperatur des menschlichen Körpers, also etwa bei 37° C, wachsen, die meisten haben ungefähr bei diesem Wärmegrade ihr Temperaturoptimum. Wir bedürfen deshalb zur Kultur der pathogenen Bakterien sogenannter Brütschränke, oder, wenn sehr große Mengen von Kulturen untergebracht werden müssen, eines Brützimmers, eines Raumes also, in dem durch geeignete Vorrichtungen (sogenannte Thermoregulatoren) ständig genau die Temperatur von 37° C erhalten wird.

Unter den ungefährlichen Arten gibt es dagegen sehr viele, denen diese Temperatur schon zu hoch ist; aber auch unter den pathogenen Bakterien sind die Temperaturansprüche außerordentlich verschieden. Manche gehen schon sehr bald zugrunde, wenn sie nur kurze Zeit etwa auf Zimmertemperatur, also ungefähr 20° C abgekühlt werden, andere dagegen, wie z. B. der Pestbazillus, vermögen noch bei 8°, ja nach einzelnen Beobachtungen bei noch geringerer Wärme sich zu vermehren. Freilich liegt ihr Temperaturoptimum erheblich höher, nämlich etwa bei 30°.

Noch schärfer ausgeprägt ist die Verschiedenheit in dem Verhalten der einzelnen Bakterienarten zum *Sauerstoff* der Luft; es gibt Spaltpilze, die ihn zum Leben so nötig haben wie die höheren Tiere (aërophile oder aërobe, luftbedürftige Arten) und andere, die sich bei seiner Anwesenheit überhaupt nicht zu entwickeln vermögen (anaërobe, luftscheue Arten). Um die letzteren zu kultivieren, hat man sehr verschiedene Methoden angegeben; man kann z. B. die Kulturröhrchen oder Platten in einem gut verschlossenen Raume aufstellen, den man mit reinem Wasserstoffgas gefüllt hat.

Sehr deutlich zeigt sich das verschiedene Sauerstoffbedürfnis, wenn man sogenannte hohe Stichkulturen von einem darauf zu prüfenden Keim anlegt.

Man impft den in einem Reagenzgläschen befindlichen starren Nährboden, indem man einen langen Platindraht, an dessen Spitze eine kleine Menge der aus einer Reinkultur stammenden Aussaat haftet, tief in das Röhrchen einmal einsticht. Dabei bleiben längs des ganzen Stiches Keime haften; sauerstoffscheue Bakterienarten werden aber nach einiger Zeit ausschließlich an den tiefsten Stellen des Stiches, da, wo die Luft keinerlei Zutritt hat, Wachstum zeigen, das man mit bloßem Auge wahrnehmen kann. Sauerstoffbedürftige gedeihen nur an der Oberfläche und in der nächsten Nähe, eben soweit der Sauerstoff dringt. Manche Arten sind auch in dieser Hinsicht indifferent und vermögen annähernd gleich gut mit und ohne Sauerstoff zu existieren (vgl. Abb. 8).

Ganz besonders mannigfaltig sind aber die Ansprüche der verschiedenen Bakterienarten an die Beschaffenheit und Zusammensetzung der *Nährsubstrate*, in oder auf denen wir sie züchten. Zum Beispiel muß die *chemische Reaktion* des Nährsubstrates sorgfältig in jedem Falle berücksichtigt werden, wenn auch *im allgemeinen* die krankheiterregenden Keime neutrale oder ganz schwach alkalische Reaktion verlangen. Schon ganz geringe Unterschiede im Grade der Alkaleszenz können zur Folge haben, daß das Wachstum der einen Art überhaupt ausbleibt, das einer anderen Art dafür besonders üppig ausfällt. Ausnahmsweise wird auch bei pathogenen Bakterien die Bevorzugung einer leicht sauren Reaktion beobachtet.

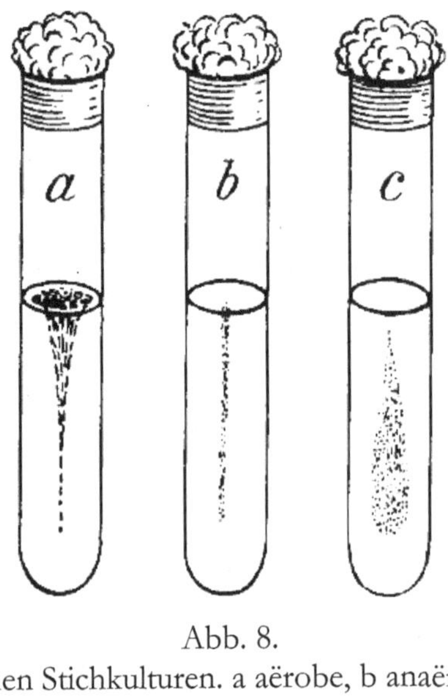

Abb. 8.
Wachstum in hohen Stichkulturen. a aërobe, b anaërobe, c indifferente Bakterien. (Schematisch.)

Alle die Nährsubstrate zu besprechen oder auch nur zu erwähnen, die zur Kultur von pathogenen Bakterien verwendet werden, würde uns viel zu weit führen. Jede einzelne krankheiterregende Art ist auf das Sorgfältigste auf ihre Bedürfnisse hin untersucht worden, und deren genaue Berücksichtigung ist zur Vermeidung von Mißerfolgen bei Kulturversuchen durchaus notwendig. Gerade auf diesem Gebiet war wiederum *Robert Koch* der bahnbrechende Forscher, besonders durch die Überwindung der außerordentlich großen Schwierigkeiten, die sich der Kultur der Tuberkelbazillen entgegenstellten, die nur auf bestimmten Substraten ein noch dazu außerordentlich langsames Wachstum zeigen.

Eine sehr große Zahl von pathogenen Keimen gedeiht unter sonst geeigneten Bedingungen in der gewöhnlichen *Nährbouillon*, die aus Fleischwasser mit Zusatz von Pepton und Kochsalz hergestellt wird, und Nährgelatine, die außer diesen Bestandteilen noch Gelatine enthält. Die Temperatur von etwa 20°, bei der wir die Gelatineplatten halten müssen, um die feste Konsistenz des Nährbodens zu gewährleisten, ist aber für viele Krankheitserreger zu niedrig. Sie gestattet ihnen entweder gar keine oder doch nur eine sehr langsame Vermehrung. Es war deshalb ein großer Fortschritt, als eine Dame, Frau Dr. *Hesse*, den Gelatinezusatz durch einen solchen von *Agar-Agar*, eine indische Tangart, ersetzte, die den einmal durch Kochen verflüssigten Nährboden erst bei einer Abkühlung auf etwa 39° wieder erstarren läßt, bei Körpertemperatur also den festen Zustand bedingt. Durch Zusatz bestimmter Mengen von allerhand Substanzen, wie beispielsweise Traubenzucker, Glyzerin und anderen, kann man diese einfachen Nährböden für die Kultur der verschiedenen Bakterienarten nach deren mannigfaltigen Bedürfnissen geeigneter machen.

Viele pathogene Bakterien gedeihen am besten, manche sogar ausschließlich, wenn ihnen tierisches Eiweiß in nicht koaguliertem Zustande zur Verfügung steht, also beispielsweise in der Form steril entnommenen Blutes, das dem Nährboden zugesetzt wird. Einzelne sind so kapriziös, ausschließlich nur auf menschenbluthaltigen Nährböden zu wachsen, andere bevorzugen das Blut irgendeiner bestimmten Tierart.

Aus dem, was eben über die Nährsubstrate gesagt wurde, ergibt sich, daß wir die Erfüllung der Grundbedingungen für die Verwendbarkeit eines Nährbodens, nämlich seine völlige *Keimfreiheit*, auf sehr verschiedenem Wege anstreben müssen: unkoaguliertes Körpereiweiß können wir ausschließlich durch »sterile Entnahme« aus dem Körper eines höheren Tieres gewinnen; die meisten anderen Nährsubstrate »*sterilisieren*« wir durch Erhitzung.

Wir müssen hier auf die verschiedenen Sterilisationsmethoden der Vollständigkeit halber kurz eingehen. Schon in der Einleitung war erwähnt, daß einmaliges Aufkochen einer Flüssigkeit zu deren Sterilisation nicht ausreicht. Wir sahen dann später die Ursache dieses merkwürdigen Phänomens in der Fähigkeit vieler Bakterienarten, hitzebeständige Dauerformen, Sporen, zu bilden. Alle unsere Sterilisationsmethoden müssen darauf abzielen, die Gefahr der Verunreinigung durch derartige zum Auskeimen befähigte Sporen zu vermeiden. Wir müssen dabei sehr verschieden verfahren. Trockene Glasgeräte erhitzen wir in sehr einfacher Weise in einem festverschlossenen Eisenblechkasten, unter dem eine große Gasschlange angebracht ist, auf 150–180° C und können nach einer Viertelstunde gewiß sein, daß alle Sporen abgetötet sind. Die meisten flüssigen Nährsubstrate können wir durch Kochen sterilisieren. Wir bringen sie in Glaskolben oder Röhrchen in einen sogenannten Kochschen Dampftopf, ein mit locker schließendem Deckel versehenes zylindrisches Blechgefäß, dessen unterer Teil etwas Wasser enthält, das wir durch eine Flamme zum Sieden bringen. Die Behälter mit den zu erhitzenden Flüssigkeiten stehen auf einem Rost über dem Wasserspiegel und werden durch den entwickelten Dampf bis nahezu zur Temperatur des siedenden Wassers erwärmt. Besonders widerstandsfähige Sporen überleben aber eine solche Erhitzung, selbst wenn sie eine Stunde lang fortgesetzt wird. Um auch ihrer Herr zu werden, kann man sich der »fraktionierten« Sterilisation bedienen: man erhitzt die betretende Flüssigkeit eine Stunde im Dampftopf, läßt sie dann sich wieder abkühlen, wiederholt die Erhitzung und die Abkühlung noch mehrmals und ist nun schließlich sicher, ein keimfreies Substrat zu haben: die nach der ersten Erhitzung übriggebliebenen Sporen sind in dem guten Nährboden nach der Abkühlung teilweise oder alle ausgekeimt. Die entstandenen Bakterienzellen werden bei der zweiten Erhitzung getötet. Sind etwa doch noch Sporen übrig geblieben, so fallen sie der dritten oder vierten Wiederholung der Prozedur zum Opfer.

Rascher führt eine andere Methode zum Ziel, die freilich einen etwas kostspieligen Apparat erfordert: das Sieden unter Druck im festverschlossenen Gefäß, einem sogenannten Autoklaven. Mit dem Steigen des Druckes steigt die Temperatur, und man kann so einen Dampf von 120 und mehr Grad Wärme auf die Nährböden wirken lassen, die bei diesem Vorgange schon nach einer Viertelstunde keimfähige Sporen nicht mehr enthalten. Die Verwendung sehr niedriger Temperaturen kommt für die Sterilisation nicht in Betracht, da die meisten Bakterienarten alle mit den gewöhnlichen Mitteln erreichbaren Abkühlungen vertragen können, genau ebensogut, wie die Samen der höheren Pflanzen.

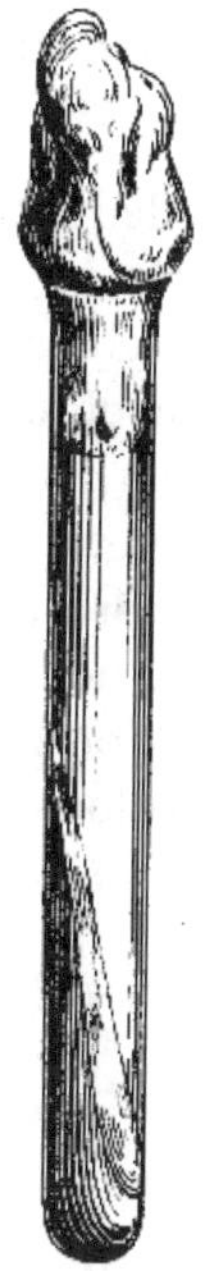

Abb. 9.
Ein Röhrchen mit schräg erstarrtem Nähragar, auf dessen Oberfläche man Bakterien züchten kann. Verschluß durch Wattebausch. ½ der natürl. Größe.

Die einmal sterilisierten Nährböden müssen natürlich in gut verschlossenen Gefäßen aufbewahrt werden, da sie sonst durch eindringende Keime verunreinigt und für unsere Zwecke unbrauchbar gemacht werden würden. Zum Verschluß der Gefäße (Kölbchen, Reagenzgläschen) verwendet man in der Regel einen Wattebausch, der sich als vollkommen sicherer Schutz gegen das Eindringen von Luftkeimen bewährt.

Es bedarf kaum der Betonung, daß wir auch bei der Impfung eines solchen Kulturröhrchens sehr vorsichtig und rasch zu Werke gehen müssen, damit nicht in der Zeit, während deren wir das Aussaatmaterial in das geöffnete Gefäß einführen, Luftkeime hineindringen. Selbstverständlich muß auch das Instrument, mit dem wir die Überimpfung vornehmen, sicher steril sein. Wir verwenden dazu meist einen dünnen, zu einer Öse umgebogenen Platindraht, der an einem langen handlichen Stiel befestigt ist, und der vor dem Gebrauch in der Flamme des Bunsenbrenners bis zum Glühen erhitzt und dann rasch abgekühlt worden ist. Mit diesem streichen wir ein klein wenig von einer Bakterienkolonie auf der Oberfläche eines Nähragarröhrchens aus. Schon am folgenden Tage werden wir (bei geeigneter Temperatur) an der Stelle der Aussaat schon eine Kultur aufgehen sehen.

Das Tempo und die geringere oder größere Üppigkeit des Wachstums, ferner auch das Aussehen des sich entwickelnden »Rasens« ist für die verschiedenen Arten oft wiederum charakteristisch. Namentlich aber die Kolonien auf den *Platten* haben oft ein durchaus eigenartiges Gepräge, so daß man nach ihrem Aussehen mit bloßem Auge oder mit Hilfe eines schwachen Vergrößerungsglases oft schon mit großer Wahrscheinlichkeit feststellen kann, welcher Keimart sie angehören. So bilden manche Bakterien vollkommen scharf begrenzte und kreisrunde, andere wieder weinblattförmige, wieder andere Mikroorganismen unregelmäßig gestaltete, an den Rändern stark aufgefaserte Kolonien (vgl. Abb. 16 u. 26).

Abb. 10.
Platinöse zum Impfen von Bakterienkulturen.

Unmittelbar wahrnehmbar ist bei vielen Bakterienarten auch die Bildung von *Pigment* in den Kulturen, besonders häufig sind weiße und grauweiße Farbentöne, doch gibt es zahlreiche Arten, die Pigment von allen Farben zu bilden vermögen.

Besonders zur Unterscheidung der Bakterienarten verwertbar sind weiterhin deren *chemische Leistungen.* Einige wenige Beispiele mögen dies veranschaulichen. Betrachten wir Gelatineplattenkulturen von Choleravibrionen z. B. am dritten Tage nach der Einsaat, so sehen wir, daß das Nährsubstrat in der Nachbarschaft der einzelnen Kolonien verflüssigt worden ist: die Choleravibrionen besitzen die Fähigkeit, Eiweiß zu peptonisieren. Das Vorhandensein oder Fehlen dieser Fähigkeit ist wiederum bei verschiedenen Arten eine konstante Eigenschaft und deshalb zu ihrer Charakteristik verwertbar. – Ähnlich verhält es sich mit dem Nachweis von charakteristischen Stoffwechselvorgängen in den Reinkulturen mancher

Bakterien; so bringen beispielsweise manche Spaltpilzarten unter Säureproduktion Milch zur Gerinnung, in der sie wachsen, während andere Arten dieser Fähigkeit stets ermangeln. Eine andere chemische Leistung, die für manche Bakterienarten charakteristisch ist, ist die Vergärung des Traubenzuckers. Impft man von einer Reinkultur eines solchen Mikroorganismus einen traubenzuckerhaltigen Nährboden (Bouillon oder Nähragar), so erkennt man sehr deutlich den Eintritt der Gärung an der Bildung von Gasblasen, die den festen Nährboden unter Umständen förmlich zerfetzen können. Die Erscheinung fehlt, wenn der untersuchte Spaltpilz der Fähigkeit ermangelt, Traubenzucker zu vergären.

Zur vollständigen Untersuchung einer pathogenen Bakterienart gehört unter Umständen noch als letzte, der medizinischen Bakteriologie besonders eigene Aufgabe: die Prüfung der »Pathogenität« der Reinkultur im *Tierexperiment*. Gerade dieser Methode verdankt die Wissenschaft außerordentlich wertvolle Fortschritte, und ihre vernünftige sachgemäße Anwendung kann nur von Leuten angefeindet werden, die über Ziel und Wege der medizinischen Forschung mangelhafte Vorstellungen haben. Die Beurteilung des Ausfalls von Tierexperimenten ist übrigens eine weit schwierigere Aufgabe, als man häufig anzunehmen geneigt ist.

Die ursprüngliche Absicht bei der künstlichen Infektion von Tieren mit Reinkulturen ging darauf hinaus, experimentell die gleiche Krankheit zu erzeugen, deren Erreger man in Händen zu haben glaubte. Man strebte dieses Ziel namentlich in der ersten Zeit der bakteriologischen Entdeckungen in jedem einzelnen Falle an, in dem man einen Krankheitserreger entdeckt zu haben glaubte. Ja, man hielt den Beweis dafür, daß ein aus Krankheitsprodukten isolierter Keim wirklich der Erreger der betreffenden Krankheit sei, erst dann für erbracht, wenn man mit seinen Reinkulturen das typische Krankheitsbild experimentell auslösen konnte. Es ergab sich nun aber bald, daß dies nicht in allen Fällen gelang; von großer Bedeutung zeigte sich zunächst die Auswahl der Versuchstiere nach ihrer Artzugehörigkeit. So war es leicht und sicher gelungen, bei *Rindern* durch Impfung mit Reinkulturen das typische Bild der Milzbranderkrankung auszulösen. Versuche, die typischen Bilder *menschlicher* Infektionskrankheiten bei Versuchstieren durch Impfung mit Reinkulturen auszulösen, gelangen dagegen nur in ganz bestimmten Fällen und auch für diese nur in gewissem Sinne: Man kann z. B. bei Versuchstieren das Bild der menschlichen Diphtherie nicht durch Einbringung von Reinkulturen in den Rachen hervorrufen. Man kann ferner bei den gebräuchlichen Versuchstieren auch durch Fütterung mit massenhaften Choleravibrionen im allgemeinen nicht das Bild der menschlichen Cholera reproduzieren. Versuchstiere, denen man Reinkulturen von Diphtherie- oder Cholerabazillen aus menschlichen Krankheitsfällen injiziert, sterben allerdings oft im Anschluß daran, aber unter ganz anderen Erscheinungen, als sie die betreffenden menschlichen Krankheiten darbieten. Daneben gibt es freilich auch einige Infektionskrankheiten, die, beim Tiere durch Impfung mit Reinkulturen des betreffenden Erregers künstlich erzeugt, einen ganz typischen Verlauf zeigen, der in hohem Grade mit dem der menschlichen Krankheit übereinstimmt. Ein Beispiel dieser Art bildet die *Pest*: wenn man mit ganz kleinen Mengen einer Reinkultur von Pestbazillen ein Meerschweinchen oder eine Ratte an einer oberflächlichen kleinsten Hautwunde impft, so entwickelt sich bei dem Tiere ein Krankheitsbild, das in vielen Einzelheiten mit dem der menschlichen Beulenpest übereinstimmt.

Über die Ursache dieses verschiedenen Verhaltens unserer Versuchstiere gegenüber verschiedenen Krankheitserregern gewinnen wir Klarheit, wenn wir in Erwägung ziehen, daß kleine Nagetiere auch »*spontan*« – d. h. unter natürlichen Bedingungen, ohne unser absichtliches Eingreifen – an Pest erkranken können, daß sie aber niemals spontan an Cholera oder an Diphtherie erkranken: jede einzelne Tierart erkrankt spontan nur an ganz bestimmten Infektionskrankheiten und so auch der Mensch. Man pflegt das auch so auszudrücken: Jede Tierart ist »empfänglich« nur für bestimmte Infektionserreger, gegen andere ist sie widerstandsfähig, oder, wie man mit dem lateinischen Ausdruck zu sagen pflegt, »resistent«. Wir müssen für unsere Versuchstiere dabei stets im Auge behalten, daß sie einem gegebenen Keime gegenüber oft zwar insofern »resistent« sind, als sie *spontan* niemals seiner krankmachenden Wirkung erliegen, daß sie aber für eine künstliche Infektion (Injektion) mit großen Dosen »empfänglich« sind. Diese »Resistenz« kann sich sowohl gegenüber spontanen als auch gegenüber künstlichen Infektionen geltend machen, oder aber – wie im Falle der Cholera, der Diphtherie – *nur* gegenüber der natürlichen (spontanen) Infektion bestehen. In diesem letzteren Falle kann man durch Injektion kleinerer oder größerer Dosen von Reinkulturen eines gegebenen Keimes Erkrankung und Tod des Versuchstieres herbeiführen. Man nennt einen Stamm einer pathogenen Bakterienart »virulent«, wenn *kleine* Dosen bereits diese Wirksamkeit entfalten, »avirulent«, wenn große Dosen dazu nötig sind. Die »Virulenz« ist Schwankungen unterworfen. Von einer höchst »virulenten« Reinkultur von Pestbazillen genügt, soweit sich das feststellen läßt, ein einziger Keim, um z. B. bei einer Ratte eine tödliche Pestinfektion auszulösen. Wenn man aber eine Pestkultur im Laboratorium jahrelang auf künstlichen Nährböden immer weiter gezüchtet hat, so findet man sie in der Regel völlig »avirulent«, d. h. außerstande, auch bei empfänglichen Versuchstieren Pest hervorzurufen. Ähnlich verhalten sich auch Milzbrandkulturen nach häufigem Überimpfen auf künstlichen Nährsubstraten.

So wie die Virulenz verloren gehen kann, kann sie unter Umständen, vorausgesetzt, daß sie noch nicht ganz erloschen war, wieder gesteigert werden, und zwar in der Regel durch die Methode der sogenannten Tierpassage. Infiziert man mit sehr reichlichen Mengen einer schwach virulenten Kultur, beispielsweise von Milzbrandbazillen, ein für Milzbrand empfängliches Versuchstier, so kann es unter Umständen zu einer Vermehrung der Milzbrandbazillen im Tierkörper und zur Erkrankung des Tieres kommen. Züchtet man nun aus dessen Blut wiederum die Milzbrandbazillen, und wiederholt man diese Maßnahme noch ein oder einige Male, so sieht man die Virulenz mehr und mehr zunehmen, so daß immer kleinere Dosen der Reinkulturen zur Erzeugung eines Impfmilzbrandes ausreichen. Dabei hat sich die merkwürdige Tatsache ergeben, daß die Steigerung der Virulenz sich geradezu spezifisch nur auf die zur Tierpassage verwandte Tierart beziehen kann, ja, man hat weiterhin sogar feststellen können, daß bei solchen Passageversuchen zuweilen mit der Zunahme der Virulenz für die Passagetierart eine Abnahme der Virulenz für eine andere an sich ebenfalls empfängliche Tierart einhergeht. Mit anderen Worten: ebenso wie Empfänglichkeit und Resistenz einer jeden Tierart gegenüber pathogenen Keimen verschiedener Art spezifisch bestimmt sind, ist auch der Grad der Virulenz eines pathogenen Bakteriums jeder einzelnen Tierspezies gegenüber spezifisch bestimmt, bzw. verschieden. Danach kann es denn auch nicht wundernehmen, daß zuweilen Mikroorganismen, die von besonders schweren Krankheitsfällen des Menschen isoliert worden sind, sich bei der Übertragung auf Versuchstiere als wenig virulent für diese erwiesen haben.

Aus alledem ergibt sich eine sehr große Schwierigkeit in der Beurteilung der Resultate von experimentellen Infektionen von Versuchstieren. Nur unter genauester Berücksichtigung dieser Verhältnisse darf man aus den Beobachtungen am künstlich infizierten Tiere Rückschlüsse auf Vorgänge und Zustände beim Menschen ziehen, und nur in der Hand der kritischsten Beobachter vermag das Tierexperiment wertvolle Ergebnisse zu liefern. In der Tat verdanken wir ihm außerordentlich wichtige Aufschlüsse, nicht nur über das Zustandekommen von Infektionskrankheiten, sondern vor allen Dingen auch über die natürlichen Heilungsvorgänge und über Mittel, diese Heilungsvorgänge zu unterstützen, zu beschleunigen, ja, unter Umständen geradezu hervorzurufen.

Kapitel II.

Pathogene und saprophytische Bakterien. – Bedingungen der Krankheitserzeugung durch Bakterien. – Die Einfallspforten infektiöser Keime. – Die gesunden Bedeckungen als Schutzwehr des Körpers gegen bakterielle Infektionen. – Angriffswaffen der Bakterien. – Besondere Reaktionsvorgänge nach dem Eindringen pathogener Keime in die Gewebe. – Die wichtigsten Bestandteile des Blutes und ihre Beteiligung an der Abwehr von Infektionen. – Die »Entzündung«. – Die weißen Blutkörperchen und die Phagocytose. – Bakterienfeindliche Stoffe des Blutserums. – Lokale und allgemeine Infektionen. – Verschiedener Verlauf der Infektionskrankheiten. – Nachkrankheiten.

Wie wir schon sahen, sind von den vielen Hunderten von Bakterienarten, die isoliert und wissenschaftlich untersucht worden sind, weitaus die meisten für den Menschen ganz ungefährlich. Ja, es hat sich herausgestellt, daß die mannigfaltigen Leistungen dieser Keime einen unentbehrlichen Faktor im Kreislauf des Stoffes auf unserer Erde darstellen, so daß das Leben der höheren Tiere und des Menschen geradezu unmöglich wäre, wenn die Lebenstätigkeit dieser kleinen Wesen aufhörte. Ihrer Tätigkeit allein verdanken wir, daß durch Fäulnis- und Verwesungsprozesse die toten Pflanzen- und Tierkörper abgebaut und nicht nur beseitigt, sondern zum Wiederaufbau neuer lebender Substanz nutzbar gemacht werden. Nichts ist also undankbarer und verkehrter als die in weiten Kreisen verbreitete übertriebene »Bazillenfurcht«, die zwar auf der einen Seite auf der richtigen Kenntnis der außerordentlichen Verbreitung von Spaltpilzen oder »Bazillen« in der Natur, auf der anderen Seite auf der ebenfalls richtigen Anschauung beruht, daß »Bazillen« als Krankheitserreger dem Menschen gefährlich werden *können*, aber eben die Tatsache nicht berücksichtigt, daß man bei den Bazillen genau ebenso zwischen nützlichen und schädlichen Arten unterscheiden muß, wie man bei den höheren Pflanzen zu tun gewöhnt ist.

Man bezeichnet in der medizinischen Bakteriologie die krankheiterregenden Spaltpilze als »pathogene Bakterien« (von griechisch πάθος = das Leiden, die Krankheit, Stamm γεν = erzeugen) oder als Parasiten; alle übrigen, dem Menschen ungefährlichen Arten nennt man

Saprophyten (von σαπρὸς = faul, φυτὸν = Gewächs, eigentlich also: Fäulnispilze).

Ein gemeinschaftliches *Gestaltmerkmal*, an dem man sie alle erkennen könnte, besitzen die krankheiterregenden Spaltpilze übrigens ebensowenig wie die Giftpflanzen.

Auch in ihren *Lebensbedingungen* und *Lebensäußerungen* zeigen sie die weitestgehenden Unterschiede, so daß bei Licht besehen nur der eine einzige Zug ihnen *allen* gemeinsam ist, dem Menschen oder höheren Tieren schädlich werden zu können. Und auch in Hinsicht auf diese Eigenschaft unterscheiden sie sich untereinander wieder in mannigfaltiger Weise nach Art und Grad.

Wir haben es hier mit äußerst verwickelten Verhältnissen zu tun, deren Aufklärung der Forschung der letzten Jahrzehnte durchaus noch nicht vollständig gelungen ist. Wir müssen uns deshalb vielfach mit der Feststellung einzelner Tatsachen begnügen, ohne vorläufig deren Gründe zu wissen.

Fragen wir zunächst: Was gehört zum Zustandekommen eines Infektionsprozesses, so ist so viel gewiß, daß ein oder eine Anzahl infektionstüchtiger Keime und ein für deren Wirkung *empfänglicher* Körper vorhanden sein müssen. Das klingt höchst einfach, verbirgt aber eine durchaus rätselhafte Beziehung zwischen beiden Faktoren, die wir schon einmal streiften: Die Spezies »Mensch« muß gerade für die pathogene Wirkung des betreffenden Bakteriums empfänglich sein, sonst ist dieses dem Menschen gegenüber machtlos; das wußten wir schon. Wir wissen nun aber weiter aus Erfahrung auch, daß *verschiedene Menschen*, die – beispielsweise während einer Epidemie – der gleichen Infektion unter gleichen Bedingungen verfallen, in durchaus verschiedenem Grade unter der Schädigung leiden.

Der eine von ihnen erliegt wie widerstandslos nach einem außerordentlich kurzen Krankheitsverlauf der Seuche, der andere kommt nach längerem Krankenlager mit dem Leben davon, der Dritte leidet gar nicht nennenswert; kaum, daß er einige eben charakteristische Symptome zeigte; nach kurzer Frist ist er vollkommen gesund wie zuvor.

Wir sehen also: auch zwischen einzelnen *Individuen* bestehen Unterschiede der »Resistenz« gegen infektiöse Keime. Solche Unterschiede können wir nun auch im Tierexperiment unter Umständen nachweisen. Wenn wir nämlich unter ganz gleichen Bedingungen mehrere Versuchstiere, die nach Art, Alter, Geschlecht, ja auch nach Gewicht und Ernährungszustand übereinstimmen, künstlich mit genau gleichen Mengen einer Reinkultur von pathogenen Mikroben infizieren, so beobachten wir häufig einen durchaus verschiedenen Ausgang des hervorgerufenen Krankheitsprozesses bei den verschiedenen Individuen.

Diese individuellen Unterschiede zu erklären vermögen wir ebensowenig, wie wir die Empfänglichkeit oder Resistenz einer *Tierspezies* für einen bestimmten Keim zu erklären wissen. Wir kennen freilich Mittel, um die Resistenz unter Umständen zu steigern, und kennen Faktoren, die sie herabsetzen: so wissen wir, daß durch Hunger, Entbehrungen aller Art, Überanstrengung, Erkältung, chronische Vergiftungen (z. B. Alkoholismus), die Widerstandsfähigkeit eines Individuums gegen manche Infektionen herabgemindert werden kann. Über die letzte Ursache dieser Schwächung wissen wir aber nichts Genaueres.

Gewisse Fingerzeige freilich hat uns die Forschung gegeben, in welcher Richtung wir zu suchen haben: wir kennen einigermaßen die Waffen, deren sich der infizierte Organismus bedient, um den Eindringling zu bekämpfen, und wir lernen andererseits die Angriffswaffen des letzteren allmählich immer mehr kennen. Doch ist in Hinsicht beider Faktoren die Forschung von einem abschließenden Ergebnis noch weit entfernt.

Jene Keime, die irgendwie von außen her auf unsere unverletzte Körperoberfläche gelangen, vermögen im allgemeinen durchaus nicht ohne weiteres uns schädlich zu werden; zur Körperoberfläche gehört in erster Linie die unverletzte Haut, die sichtbaren Schleimhäute, dann weiterhin auch die Schleimhaut des gesamten Verdauungstraktus – Mund und Rachen, Speiseröhre, Magen, Darm – und die der oberen Luftwege, also der Nase, des Kehlkopfes und der Luftröhre.

Einige Keime bilden eine Ausnahme von dieser Regel. Der Typhusbazillus und der Choleravibrio können vom Darmrohr aus, anscheinend ohne besondere unterstützende Momente, bei ursprünglich intakter Schleimhaut, ihre krankmachende Wirkung entfalten. Vor allem aber kann der *Diphtheriebazillus*, einmal in den Rachen eingedrungen, sich vermehren, durch seine eigenen Giftstoffe die oberflächlichen Schichten der Schleimhaut schädigen und nun einen immer fortschreitenden Krankheitsprozeß auslösen. Endlich soll noch als Ausnahme von der, wie wir sehen, durchaus nicht streng gültigen Regel der Gonokokkus erwähnt werden, der ebenfalls imstande ist, sich auf intakten Schleimhäuten – der des Urogenitaltraktus und auch derjenigen der Augenbindehaut – anzusiedeln und dort gefährliche Krankheiten zu verursachen.

Nach so zahlreichen Ausnahmen bedarf die aufgestellte Regel geradezu einer besonderen Begründung: In der Tat finden sich auf der Haut des gesunden Menschen regelmäßig zahlreiche Bakterien, die beim Eindringen *in eine Wunde* sehr unangenehme Wirkungen zu entfalten imstande wären, die gesunde Epidermis aber nicht zu passieren vermögen. Ferner beherbergt bekanntlich unser Darm eine Unmenge von Bakterien verschiedenster Art, deren Lebensäußerungen uns für gewöhnlich nicht nur nicht schädlich sind, sondern uns vielfach zugute kommen, da sie eine Rolle in der Darmverdauung spielen. Unter diesen zahlreichen Arten, die dort vorübergehend oder dauernd anzutreffen sind, sind auch solche vertreten, die, *in die Gewebe selbst eingedrungen*, als Krankheitserreger wirken würden. Als ein extremes Beispiel mag der Tetanusbazillus angeführt werden, der gefürchtete Erreger des Wundstarrkrampfes, einer sehr qualvollen und häufig tödlich verlaufenden Krankheit: im Darm, an der Körperoberfläche im Sinne unserer Besprechung, ist er ein häufiger unschädlicher Gast; dringen aber seine Sporen mit gröberen Verunreinigungen, mit Schmutz, zusammen in eine Wunde ein, so entfaltet er eine mörderische Tätigkeit.

Aber wir brauchen diesen Sonderfall nicht heranzuziehen; eine sehr große Anzahl von Bakterienarten, die sich im Darm regelmäßig finden, werden in dem Augenblick zu bedenklichen Krankheitserregern, wo sie in das Körperinnere vordringen können, was freilich immer nur bei krankhaften Veränderungen, bei Verletzungen der Darmwand z. B., geschehen kann. In die Bauchhöhle gelangt, werden diese Bakterien die Ursache einer oft tödlich verlaufenden Entzündung, so z. B. bei Unterleibsschüssen. Unter normalen Verhältnissen sind sie – von einigen praktisch nicht in Frage kommenden Ausnahmen abgesehen – außerstande, die Schranke zu übersteigen, die die intakte Darmschleimhaut ihnen bietet. Es mag hier kurz erwähnt werden, daß diese Schranke *nach dem Tode* fällt, und daß nun einige Zeit später zahlreiche Bakterien die Darmwand durchwuchern und sich in den Nachbargeweben vermehren und verbreiten, indem sie sich von dem toten Substrat ernähren und seine Fäulnis und Verwesung bewirken.

Auch im Rachen und in den oberen Luftwegen, besonders in der Nase, sind regelmäßig reichlich Bakterien anzutreffen und unter ihnen auch nahezu regelmäßig solche, die unter Umständen pathogen werden können, sehr häufig z. B. der Erreger der Lungenentzündung, der Pneumokokkus. Die Mehrzahl der Menschen beherbergt diesen Keim nahezu dauernd in den oberen Luftwegen. Zu der gefürchteten Lungenentzündung kommt es aber nur, wenn unter besonderen, noch durchaus nicht völlig aufgeklärten Bedingungen eine schrankenlose Wucherung der Pneumokokken innerhalb der Lunge zustande kommt. Ein anderer mit pathogenen Eigenschaften begabter Mikrokokkus, der Streptokokkus, ist ebenfalls ein sehr häufiger Gast im Rachen gesunder Menschen und kann gefährlich werden, indem er z. B. unter dem Einfluß von Erkältung zu Mandelentzündungen führt.

Es ergibt sich aus alledem, daß die bloße *Anwesenheit* von Keimen an der *Körperoberfläche* zur Auslösung von Krankheitsprozessen im allgemeinen nicht genügt, oder anders ausgedrückt, daß für die meisten pathogenen Keime die gesunden Bedeckungen, Haut und Schleimhäute, ein unüberwindliches Hindernis der Entfaltung krankheiterregender Wirkungen darstellen.

Die einfachste Art, wie diese Schranke durchbrochen wird, ist die *mechanische Verletzung*, das nächstliegende Beispiel dieser Art die Infektion einer *Wunde* der Haut. Je nach der Art der in die tieferen Weichteile eingedrungenen Keime, werden die weiteren Vorgänge, die sich abspielen, verschieden sein: die pathogenen Bakterien besitzen je nach ihrer Art durchaus verschiedene Angriffswaffen, durch die sie dem Körper gefährlich werden, und auch die Verteidigung des letzteren spielt sich von Fall zu Fall in verschiedener Weise ab.

Unter den Krankheitserregern sind einige durch die Fähigkeit angezeichnet, außerordentlich wirksame *Gifte* abzusondern, die sich rasch im menschlichen Organismus verbreiten und unter Umständen, weit entfernt von der Ansiedelungsstelle der sie produzierenden Keime, eine tödliche Wirkung entfalten. Ein Beispiel dieser Art stellt der schon erwähnte Tetanusbazillus dar, dessen Giftstoffe das Zentralnervensystem angreifen und unter den Erscheinungen des Wundstarrkrampfes den Tod herbeiführen. Ähnliche Giftstoffe, die aber von ganz anderer Wirkung sind, sezerniert der Diphtheriebazillus. Man hat diese Giftstoffe dadurch bis zu einem gewissen Grade isolieren können, daß man Reinkulturen der betreffenden Bakterienarten in flüssigen Nährböden durch bakteriendichte Filter filtrierte. Nun prüfte man das vollkommen keimfreie Filtrat im Tierexperiment, und auf diese Weise ließ sich feststellen, daß minimale Mengen eines solchen Filtrats bei Versuchstieren die charakteristischen Erscheinungen, beispielsweise des Wundstarrkrampfes, auszulösen vermochten. Auf das Studium dieser gefährlichen Giftstoffe, die man als *Toxine* bezeichnet hat, ist eine außerordentlich umfangreiche und mühevolle Arbeit schon verwendet worden. Die größte Schwierigkeit, die sich ihrer Erforschung in den Weg stellt, liegt darin, daß die heutigen Mittel der chemischen Forschung es noch nicht ermöglichen, die Toxine *rein* darzustellen und ihre Konstitution aufzuklären. Man hat über diese letztere nur auf Umwegen mit Hilfe biologischer Methoden wertvolle Aufschlüsse erlangen können.

Die Produktion echter Toxine ist bisher nur bei einer geringen Zahl pathogener Mikroben nachgewiesen worden, zu denen der Tetanus- und der Diphtheriebazillus gehören. Diesen beiden Krankheitserregern gemeinsam ist die Eigentümlichkeit, vorwiegend an der Invasionsstelle selbst sich zu vermehren und von da aus ihre löslichen Giftstoffe zu versenden, *ohne* selbst *weit* in die Gewebe des Körpers vorzudringen.

Ein ganz anderes Verhalten zeigt eine große Anzahl von anderen pathogenen Keimen, die umgekehrt eine außerordentlich lebhafte Tendenz zur Vermehrung innerhalb des Körpers und zum Eindringen in die Körpergewebe zeigen, und die man deshalb auch vielfach als *invasive Parasiten* charakterisiert hat. Ein Beispiel dieser Art ist der Milzbrandbazillus, auch der Pestbazillus gehört hierher, ferner die Erreger mancher Wundinfektionskrankheiten. In ausgesprochenen Fällen der Infektion mit solchen invasiven Keimen findet man die Gewebe und Säfte des Körpers, vor allem das Blut, geradezu überschwemmt mit den Mikroorganismen; es ist bis heute nicht gelungen, die schädliche Wirkungsweise aller solchen Keime befriedigend aufzuklären. Man hat namentlich am Beginn der bakteriologischen Ära vielfach geglaubt, rein mechanische Momente seien dabei von entscheidender Bedeutung. So hat man z. B. die Anschauung vertreten, die Milzbrandbazillen führten bei ihrer schrankenlosen Vermehrung den Tod dadurch herbei, daß sie die kleinsten Blutgefäße buchstäblich verstopften und dadurch die Blutversorgung und somit auch die Ernährung der lebenswichtigen Organe unmöglich machten. Tatsächlich kann man auf diesen Gedanken kommen, denn bei experimentell erzeugtem Milzbrand zumal findet man wirklich – bei Untersuchung feiner Gewebsschnitte – oft die Kapillaren von den Bazillen ganz ausgefüllt. Der Erklärungsversuch ist aber doch nicht haltbar, denn gerade in schwer verlaufenden Fällen der Krankheit findet man oft *nicht* die enorme Vermehrung der Bazillen mit Verlegung der Haargefäße. Der Tod an Milzbrand muß sich also anders erklären.

Andere Forscher gelangten denn auch zu andern Hypothesen. So sprach man die Vermutung aus, die schrankenlos wuchernden Keime könnten dem Organismus irgendeinen Stoff oder irgendwelche Stoffe entziehen, deren er zum Leben notwendig bedürfe. Da man aber nicht genauer angeben kann resp. konnte, welche Stoffe das seien, so hat auch dieser Erklärungsversuch keinen Anspruch auf Anerkennung, und für eine ganze Reihe von invasiven Mikroben müssen wir heute noch zugestehen, daß wir nicht näher angeben können, worauf ihre tödliche Wirkung beruht. Durch neuere Forschungen wird es wahrscheinlich gemacht, daß in letzter Linie auch hierfür lösliche Giftstoffe in Betracht kommen.

Zwischen den beiden Extremen der toxinproduzierenden Bakterien ohne alle invasive Tendenz und der angesprochen invasiven Parasiten finden sich alle Übergänge. Vor allem gibt es eine ganze Anzahl pathogener Bakterien, die wirksame Giftstoffe bei ihrem *Zerfall* liefern, der sowohl in älteren Kulturen als auch im Tierkörper statthat. Man bezeichnet für gewöhnlich die im Inneren der Bakterienzellen eingeschlossenen Gifte, die erst bei deren Auflösung frei werden, als Endotoxine. Es leuchte ein, daß es in jedem Falle sehr schwer sein kann, festzustellen, ob eine Bakterienart Toxine produzieren kann oder nicht: Die Toxine weisen wir nach, indem wir die toxische Wirkung keimfreier Kulturfiltrate aufzeigen. In der Regel finden sich wirksame Toxine erst in etwas älteren Kulturen, und in einem umstrittenen Falle kann deshalb der Einwand erhoben werden, die Kultur enthalte Giftstoffe, die durch den *Zerfall* von Keimen in dem betreffenden Nährsubstrat frei geworden seien. In der Tat können wir mit Bestimmtheit annehmen, daß in älteren Kulturen zahlreiche Bakterienzellen abgestorben und zerfallen sind.

Wenn wir demnach sehen, daß selbst über die allergröbsten Begriffe, wie z. B. über die Todesursache bei der Infektion eines Menschen mit einem bestimmten krankheiterregenden Keim, noch keine Klarheit erzielt ist, so wird es uns nicht überraschen, daß über die feineren Einzelheiten unsere Kenntnisse noch so gut wie völlig mangelhaft sind.

Etwas besser steht es um unser Wissen von den Abwehrvorrichtungen des Körpers. Freilich kann hier ohne die Voraussetzung medizinischer Schulung nur eine ganz grobe Skizze der wesentlichsten Vorgänge gegeben werden, die sich im infizierten Körper abspielen. Je nach dem eingedrungenen Infektionserreger, vielfach auch je nach dem Orte seines Eindringens, sind die Reaktionen sehr verschieden. Der Körper reagiert auf den Angriff eines spezifischen Krankheitserregers jeweils in charakteristischer, »spezifischer« Weise. Wir können uns am besten an einem Beispiel eine gewisse Anschauung über diese Reaktionen verschaffen und wählen am besten wiederum das einfache Beispiel des Eindringens pathogener Keime durch eine Wunde der Haut.

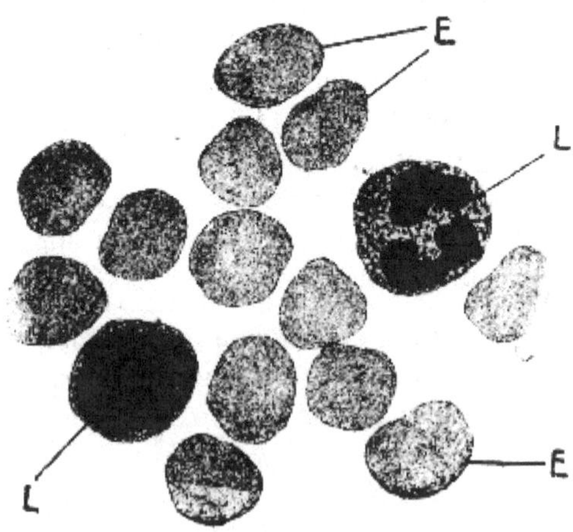

Abb. 11.
Gefärbtes Ausstrichpräparat von menschlichem Blut. E = rote Blutkörperchen. L = weiße Blutkörperchen.

Der Körper antwortet darauf mit einer »Entzündung«, die je nach Art und Menge der eingedrungenen Keime verschieden hochgradig und von verschiedener Ausdehnung sein kann: Die Blutgefäßchen in der Nachbarschaft der Invasionsstelle erweitern sich und füllen sich prall mit Blut, so daß die Umgebung der kleinen Hautwunde lebhaft gerötet erscheint; aus den Blutgefäßen treten teils flüssige Bestandteile des Blutes, teils bestimmte Blutzellen, die sogenannten weißen Blutkörperchen (vgl. Abb. 11) in die Gewebe aus; es kommt dadurch zu Schwellung, Spannungsgefühl, oft zu Schmerzen, die unter Umständen sehr heftig werden.6

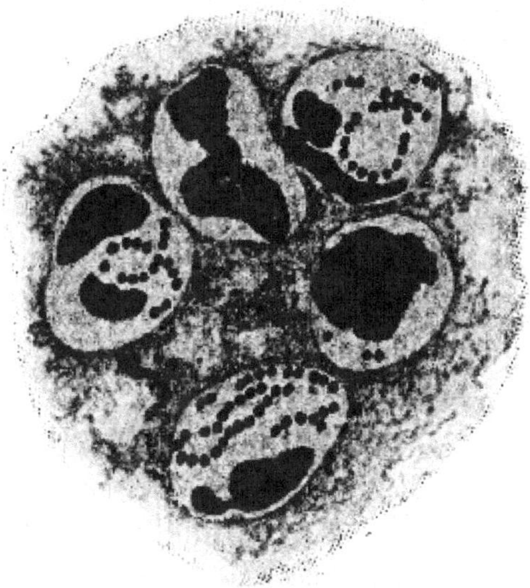

Abb. 12.
Abstrich von Eiter, der Streptokokken enthält. Die Kokken sind sämtlich im Inneren von weißen Blutkörperchen gelegen.

Die weißen Blutkörperchen entwickeln nun bei entzündlichen Prozessen eine merkwürdige und oft sehr lebhafte Tätigkeit; durch kleine Lücken, die in der Wand der erweiterten Blutgefäße entstehen, zwängen sie sich hindurch, wandern aus, und in vielen Fällen kann man beobachten, wie sie die eingedrungenen Krankheitskeime in sich aufnehmen. Sehr kleine Bakterien, z. B. Mikrokokken, vermögen die Leukocyten in größerer Zahl »aufzufressen« (vgl. Abb. 12), größere Bakterien oder Verbände von Bakterienzellen umklammern sie nur, wobei sich oft mehrere Leukocyten vereinigen (Abb. 13). Diesen Vorgang, dessen Bedeutung für die Heilung von Infektionskrankheiten *Metschnikoff* zuerst erkannt hat, bezeichnet man als *Phagocytose* (Freßtätigkeit von Zellen). Die weißen Blutkörperchen verfügen nun weiterhin über verdauende Fähigkeiten und sind imstande, manche krankheiterregenden Keime nicht nur aufzufressen, sondern auch in ihrem Inneren zu zerstören. Doch erstreckt sich dieses Vermögen nicht auf alle Arten der pathogenen Mikroorganismen, es gibt vielmehr eine ganze Anzahl darunter, denen die Leukocyten nichts anhaben können. Auch sind die pathogenen Bakterien durchaus nicht wehrlos gegenüber den Leukocyten; manche werden zwar von diesen aufgenommen, man sieht aber bald danach, daß die weißen Blutkörperchen ihrerseits dabei Schaden gelitten haben und zugrunde gehen, während die Keime wieder frei werden. Diese Erscheinung beruht auf dem Gehalt solcher Keime an Stoffen, die auf die Leukocyten giftig wirken. Man kann hier also wirklich mit gutem Recht von einem *Kampf* zwischen den Abwehrzellen und den Eindringlingen sprechen, einem Kampf, dessen Ausgänge sehr verschieden sind.

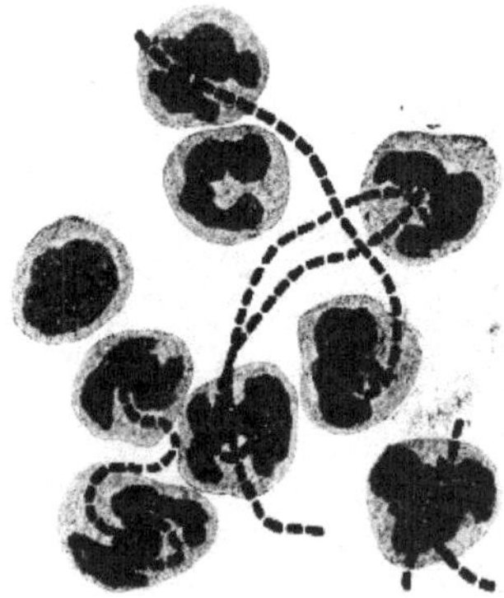

Abb. 13.
Aufnahme von Milzbrandbazillenfäden durch weiße Blutkörperchen.

Kommt es zu sehr massenhafter Auswanderung weißer Blutkörperchen, so entsteht das Bild der *Eiterung*. Die weißliche und gelbliche Flüssigkeit, die wir als Eiter bezeichnen, besteht zum allergrößten Teile aus diesen kleinen, eigenbeweglichen weißen Blutzellen.

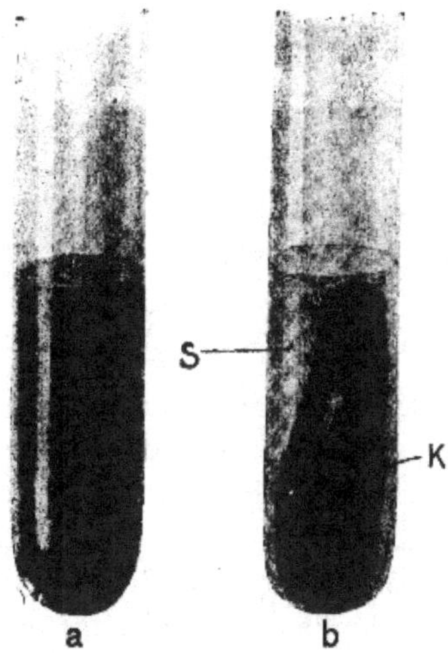

Abb. 14.
a Blut unmittelbar nach der Entnahme. b Abscheidung des Serums nach einigen Stunden, K = Blutkuchen, S = Serum.

Auch die *flüssigen* Bestandteile des Blutes besitzen bakterienfeindliche Eigenschaften. Im einzelnen hat man diese Verhältnisse durch Versuche aufzuklären gestrebt, die man mit frisch dem Körper entnommenem Blute anstellte. Läßt man solches Blut nur kurze Zeit in einem Glasgefäße stehen, so gerinnt es; dabei bildet sich ein dunkelroter, festweicher »Blutkuchen«, der aus den zelligen Elementen und einem als Fibrin bezeichneten Faserstoffe besteht. Den Blutkuchen umgibt nach vollendeter Gerinnung eine für gewöhnlich klare, hellgelb gefärbte Flüssigkeit, das sogenannte *Blutserum* (s. Abb. 14). Bringt man in ein Tröpfchen dieses Blutserums eine kleine Menge einer Reinkultur von krankheiterregenden Bakterien, so sieht man in geeigneten Fällen unter dem Mikroskop, daß die Spaltpilze bald Veränderungen ihrer Form zeigen und schließlich verschwinden, aufgelöst werden.

Man kann sich auch durch das Kulturverfahren davon überzeugen, daß die Keime vernichtet worden sind: sät man ein solches Tröpfchen mit Keimen beschickten Serums wieder auf einem geeigneten Nährboden aus, so entwickelt sich kein Bakterienwachstum, der Nährboden bleibt steril. Um das kleine Experiment noch beweiskräftiger zu gestalten, macht man einen sogenannten Kontrollversuch: man bringt eine möglichst genau gleich große Menge von Bakterien der gleichen Art unter sonst ganz gleichen Bedingungen in ein Tröpfchen des zum Versuch verwandten Serums, das aber zuvor eine kurze Zeit auf 60° erhitzt worden war; darin sieht man nichts von Zerfall der Bakterienzellen, und nach der Aussaat *dieses* Tröpfchens erhält man eine Reinkultur des zum Versuche verwendeten Bakteriums. Nur das unerhitzte Serum hat also die Bakterien abgetötet, das erhitzte dagegen nicht. Diese bakterientötende (bakterizide) Fähigkeit des frischen Serums wurde zuerst von *Buchner* und seinen Schülern entdeckt und näher studiert. Dabei zeigte sich, daß sie auch bei gewöhnlicher Temperatur dem Serum schon nach einer Anzahl von Stunden, bei einer Erhitzung auf 55° schon nach etwa einer halben Stunde, verloren geht. *Buchner* schrieb sie Serumstoffen zu, die er als »Alexine« (Abwehrstoffe) bezeichnete.

Es ist lange und lebhaft darüber diskutiert worden, ob der Phagocytose durch ausgewanderte Leukocyten, oder ob der bakterienfeindlichen Wirkung löslicher Serumstoffe die Hauptrolle im Kampfe gegen eindringende Keime zukommt. Eine befriedigende Aufklärung der außerordentlich mannigfaltigen Ausgänge natürlicher und künstlicher bakterieller Infektion vermag weder die eine noch die andere Auffassung zu geben. Wie die Angriffswaffen der Bakterien verschieden und teilweise noch ganz unentdeckt sind, so sind eben auch die Schutzmaßnahmen des Körpers und seine Verteidigungsmittel mannigfaltiger Art. Gewiß ist, daß Zellen und lösliche Bestandteile des *Blutes* bei der Heilung von infektiösen Prozessen eine wichtige Rolle spielen; daher ist denn auch das Bestreben der Ärzte in mannigfacher Weise auf deren Ausnutzung, auf die möglichste Steigerung ihrer Wirkung gerichtet. Ein besonders wichtiges Verfahren, das dieses Ziel (neben anderen) anstrebt, ist die von Prof. *Bier* empfohlene Methode der künstlichen »Stauung« des Blutes in infizierten und entzündeten Körperteilen. Sie mag an dieser Stelle wenigstens erwähnt werden. Eine eingehende Erörterung der sehr schwierigen Probleme, die die Behandlung von infizierten Wunden bietet, kann hier natürlich gar nicht versucht werden.

Noch schwieriger zu übersehen werden die an sich schon komplizierten Verhältnisse dadurch, daß im Laufe des Kampfes beide Parteien Veränderungen durchmachen, neue Eigenschaften gewinnen: die Bakterienzellen zeigen vielfach einige Zeit nach ihrem Eindringen in die Körpergewebe eine erhöhte Widerstandsfähigkeit gegenüber den Phagocyten und den bakterienfeindlichen Säften; sie haben sich »angepaßt«, wie man sagt. Z. B. werden Milzbrandbazillen kurz nach der Injektion in den empfänglichen Tierkörper – bei Infektionsversuchen – rasch von Phagocyten aufgenommen; nach einiger Zeit bilden sie aber eine Art Kapsel (vgl. Abb. 15) und können nun von den weißen Blutkörperchen nicht mehr gefressen werden.

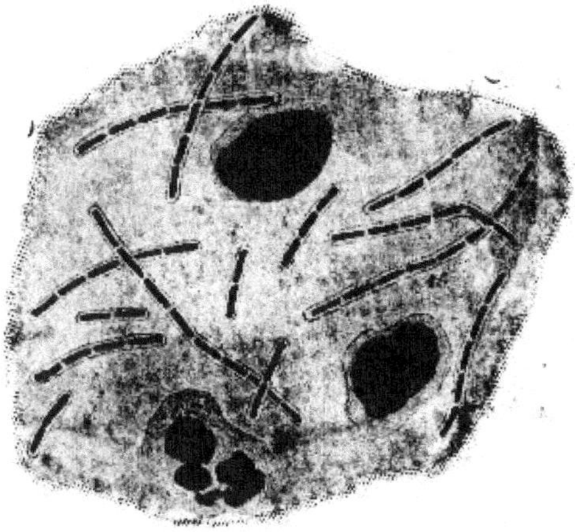

Abb. 15.
Milzbrandbazillen im Milzsaft einer der Infektion erlegenen Maus. Die Bazillen haben »Kapseln«; sie liegen alle außerhalb der tierischen Zellen.

Andererseits nehmen die Abwehrkräfte des Organismus höherer Tiere im Verlaufe einer Infektion oft in ganz erstaunlicher Weise zu, z. B. gewinnt in manchen Fällen die Blutflüssigkeit in sehr gesteigertem Grade die Fähigkeit, die Keime der dem Krankheitsprozeß zugrunde liegenden Bakterienart – z. B. Typhusbazillen in einem Falle von Abdominaltyphus – abzutöten. Diese Änderungen stehen in engem Zusammenhang mit dem Zustandekommen des eigentümlichen Zustandes, den wir als »Immunität« bezeichnen. Von ihnen wird in einem besonderen Abschnitt die Rede sein.

Kurz: wir sehen sehr wechselnde und äußerst verwickelte Verhältnisse vor uns, die aufzuklären wir noch keineswegs völlig in der Lage sind. Wir müssen uns mit der Vorstellung begnügen, daß sich an der Invasionsstelle pathogener Keime ein Kampf entspinnt, dessen Ausgang von Faktoren abhängt, die wir heute erst teilweise kennen. Je nach den Verteidigungsmaßnahmen oder Heilungsbestrebungen des Körpers, je nach der Widerstandsfähigkeit, der Wachstumsenergie, der Giftigkeit der Krankheitserreger, wird der Angreifer oder der Angegriffene den Sieg davontragen.

Wird der Körper mit Hilfe seiner Verteidigungswaffen der Eindringlinge Herr, so gehen die Entzündungserscheinungen zurück, und nach der Vernichtung aller Keime tritt Heilung ein. Bleiben die Keime Sieger, so können sie, je nach ihrer Art, in verschiedener Weise im Körper weiter vordringen, zunächst gewöhnlich auf dem Wege der Lymphbahnen, doch gelangen sie dann häufig auch in das Blut und damit in alle Teile des Körpers. Man spricht dann von einer *Allgemein*infektion im Gegensatz zu einem lokalen Krankheitsprozeß, der sich auf die Invasionsstelle und die nächste Nachbarschaft beschränkt.

Während lokale Infektionsprozesse sich zuweilen ohne erhebliche subjektive Beschwerden und ohne größere Störungen des gesamten Gesundheitszustandes überhaupt abspielen können, sind *Allgemeininfektionen* stets mit schweren objektiven und subjektiven Krankheitserscheinungen verbunden.

Häufig wird der Eintritt von Krankheitserregern in die Blutbahn durch ein sehr alarmierendes Symptom angezeigt, den Schüttelfrost. Im Verlaufe von Allgemeininfektionen pflegt regelmäßig die Temperatur fieberhaft erhöht zu sein, im einzelnen ist der Fieberverlauf je nach der Art der Infektion mehr oder weniger typisch, je nach dem Einzelfall verschieden. Es ist unmöglich, hierüber Allgemeingültiges auszusagen.

Es mag genügen, daß aus dem Fieberverlauf, den übrigen Symptomen, oft auch durch unmittelbaren Nachweis des Krankheitserregers, der erfahrene Arzt die Krankheitsfälle aufklärt und nach dem Stande unseres Wissens und Könnens beeinflußt.

Gemeinsam ist *allen* Infektionskrankheiten, daß vom Augenblick des Eindringens des pathogenen Keimes bis zum Auftreten der ersten Symptome der Infektion ein je nach der Art der Erkrankung verschieden langer Zeitraum verstreicht, den man als »Inkubationszeit« bezeichnet. So zeigen sich z. B. die ersten meist geringfügigen lokalen Erscheinungen an der Stelle des Eindringens der Syphiliserreger erst nach einigen Wochen. Die Tollwut hat sogar eine monatelange Inkubationszeit. Bei anderen Infektionskrankheiten ist dieser Zeitraum kürzer, bei Scharlach z. B. in der Regel 9 Tage.

Wie unendlich verschieden der Verlauf bakterieller Infektionen ist, das bedarf des weiteren kaum der Darlegung. Wir können danach zunächst zwei große Gruppen unterscheiden: Krankheiten mit stürmischem Verlauf, sog. »akute Infektionskrankheiten« – wie z. B. Scharlach, Masern, Lungenentzündung, Typhus – und chronische, wie Tuberkulose oder Syphilis. Auch die akuten Infektionskrankheiten können übrigens nach ihrer Ausheilung noch zu sog. Nachkrankheiten führen, die unter Umständen von sehr trauriger Bedeutung werden können. Ein Beispiel dieser Art sind die Nierenentzündungen, die nach Überstehen des Scharlach zuweilen auftreten und in unglücklichen Fällen zu schweren chronischen Leiden, ja zum Tode führen können.

So einfach die Erkennung von manchen, durch besondere charakteristische Erscheinungen ausgezeichneten Krankheiten ist, so schwierig ist die »Diagnostik« anderer.

Und jeder verständige Mensch sollte sich bewußt sein, daß ausschließlich der wissenschaftlich gebildete Arzt an diese Aufgaben mit dem ganzen Rüstzeug unseres heutigen Wissens und darum auch mit gutem Gewissen herantreten kann, um zu helfen, zu lindern, wo möglich zu heilen. Der Unberufene, der »Kurpfuscher«, der ohne Sachkenntnis die schwierige und verantwortliche ärztliche Tätigkeit zu übernehmen sich erdreistet, gehört zu den schlimmsten Feinden der Menschheit, denn er schädigt seine Mitmenschen an ihrem höchsten irdischen Gut, der Gesundheit.

Kapitel III.

Immunität. – Natürliche Immunität durch Überstehen einer Infektionskrankheit. – »Spezifität« des Zustandes. – Künstliche Immunisierung gegen Pocken. – Immunisierung mit Hilfe abgeschwächter lebender Krankheitserreger. – Immunisierung mittels abgetöteter Reinkulturen von Krankheitserregern. – Behrings Entdeckung der Antitoxine im Serum immunisierter Tiere. – Antibakterielle Immunsubstanzen. – Serodiagnostik. – Immunreaktionen nach parenteraler Einverleibung von Fremdeiweiß.

Es ist eine allgemein bekannte Erfahrungstatsache, daß das einmalige Überstehen *mancher* ansteckenden Krankheiten gegen eine zweite gleichartige Infektion dauernd oder vorübergehend Schutz verleiht. Dieser Schutz, den man mit dem wissenschaftlichen Ausdruck als *Immunität* bezeichnet, erstreckt sich *nur* auf diese einzige Infektionskrankheit, durchaus nicht auf mehrere oder gar auf alle: die Immunität ist eine »spezifische«, nur gegen die überstandene Krankheit gerichtete. Auch ist es geboten, gleich an dieser Stelle zu betonen, daß durchaus nicht alle Infektionskrankheiten nach ihrer einmaligen Überwindung dauernd Immunität hinterlassen, und ferner, daß wir bei den chronischen Infektionsleiden (Tuberkulose, Syphilis) von vornherein auf ganz andere Verhältnisse rechnen müssen, als bei den akuten.

Die rein empirische Kenntnis vom Zustandekommen von Immunität nach einzelnen, bestimmten Infektionen ist sehr alt, und wohl fast ebenso alt ist das Bestreben, die Vorteile dieses eigentümlichen Zustandes der Menschheit nutzbar zu machen, mit anderen Worten: auf allerlei Weise absichtlich, *künstlich* zu »immunisieren«.

Den Chinesen soll es schon im 11. und 12. Jahrhundert n. Chr. bekannt gewesen sein, daß das einmalige Überstehen der echten oder schwarzen Pocken sicheren Schutz gegen eine nochmalige Erkrankung an dieser so außerordentlich gefährlichen Krankheit verleiht. Im Anfange des 18. Jahrhunderts machten sich diese Erfahrungen westasiatische Völker zunutze, um ein allerdings höchst primitives Schutzimpfungsverfahren darauf zu gründen: sie übertrugen absichtlich etwas von dem Pustelinhalt Pockenkranker und damit die Krankheit selbst auf Gesunde, um ihnen so durch das Überstehen der Krankheit für ihr weiteres Leben Immunität dagegen zu verschaffen. Die Gefährlichkeit des Verfahrens stand nun freilich in einem peinlichen Mißverhältnis zu dem beabsichtigten Erfolge, denn die

Gewißheit, bei einer späteren Epidemie verschont zu bleiben, war mit einer unter Umständen schweren Erkrankung, die selbst mit dem Tode endigen konnte, zu teuer bezahlt.

Wenn man auch heute noch gelegentlich den Rat erteilen hört, Kinder beispielsweise während einer leichten Scharlachepidemie absichtlich der Ansteckungsgefahr auszusetzen, damit sie durch Überstehen des leichten Scharlachs vor einer Erkrankung gelegentlich einer etwaigen späteren schweren Epidemie gesichert werden, so ist dies ebenfalls nicht zu billigen. Denn auch für den Scharlach gilt, was für die Pocken gesagt wurde; man kann den Verlauf eines einzelnen Krankheitsfalles nicht sicher genug vorhersagen und soll deshalb solche gefährlichen Experimente vermeiden.

Die erste selbstverständliche Anforderung, die an ein künstliches Immunisierungsverfahren eben gestellt werden muß, ist die, daß es möglichst ungefährlich für den Behandelten ist; das klassische Beispiel für ein solches Verfahren stellt die durch den englischen Arzt *Jenner* eingeführte Schutzpockenimpfung dar, die in den 100 Jahren seit ihrer Begründung die Kulturmenschheit vor unabsehbaren Verlusten an Menschenleben bewahrt hat.

Schon vor *Jenner* hatte man in England und auch in Deutschland[7] beobachtet, daß Menschen, die sich durch den Umgang mit kuhpockenkrankem Rindvieh die stets nur leicht verlaufenden »Kuhpocken« zugezogen hatten, später bei Epidemien der echten Pocken ebenso regelmäßig von der Krankheit verschont wurden wie diejenigen, die die echten Pocken schon einmal überstanden hatten. Auf diese Beobachtung gründete *Jenner* sein Verfahren, das der heutigen Schutzimpfung im wesentlichen noch zugrunde liegt: er impfte absichtlich Gesunde mit dem Inhalt von Kuhpockenpusteln; an der Stelle der Impfung entstanden ähnliche Pusteln, die, ohne schwere Krankheitserscheinungen zu verursachen, wieder abheilten. Das Überstehen dieser harmlosen lokalen Erkrankung machte den Geimpften *immun* gegen die Infektion mit echten Pocken. Man stellte später fest, daß nach Übertragung von Pustelinhalt eines echten Blatternfalles von Menschen auf Kälber bei den Tieren Pusteln entstanden, deren Inhalt, auf den Menschen übertragen, wiederum nur die harmlose Form der Erkrankung hervorrief. Die Erklärung, die wir nach unseren heutigen Kenntnissen über die Eigentümlichkeit der pathogenen Mikroorganismen für diese merkwürdige Tatsache geben können, ist folgende: Der Erreger der Pockenkrankheit besitzt für den Menschen eine sehr hochgradige Virulenz, büßt diese aber im Körper des Rindes größtenteils ein, so daß er, nach der »Passage« durch das Rind wieder auf den Menschen übertragen, nur noch eine harmlose lokale Erkrankung auszulösen vermag. *Das Überstehen dieser geringfügigen Krankheit hinterläßt Immunität gegen den Pockenerreger auch in seiner virulenten Form.*

Man kann einen eigentümlichen Zufall darin sehen, daß gerade der Erreger der Pockenkrankheit, den man seit 100 Jahren zu zähmen gelernt hat, noch heute nicht entdeckt ist, während gleich wirksame Schutzimpfungsverfahren wie das Jennersche gegen die Mehrzahl derjenigen bakteriellen Krankheitserreger, die wir schon seit Jahrzehnten in Reinkulturen besitzen, noch nicht gefunden worden sind.

Alsbald nach den grundlegenden Entdeckungen der modernen Bakteriologie, insbesondere nach der Reinzüchtung der pathogenen Bakterienarten, bemühte sich die Forschung, Immunisierungsmethoden auszuarbeiten, die zunächst im wesentlichen darauf ausgingen, *Reinkulturen*, die man auf sehr verschiedene Weise in ihrer Virulenz *abgeschwächt* hatte, als *Impfstoffe* zu verwenden. Die ersten wichtigen Versuche in dieser Richtung stammen von dem berühmten Franzosen *Louis Pasteur*, der eine ganze Reihe von Methoden ersann, um Reinkulturen in ihrer Virulenz abzuschwächen. Das größte Aufsehen erregten seine gelungenen Versuche, Rinder und Schafe gegen die für sie so außerordentlich gefährliche Milzbrandseuche zu impfen. Als Impfstoff verwandte *Pasteur* lebende Milzbrandkulturen, die ihrer Virulenz dadurch teilweise beraubt waren, daß sie unter bestimmten Bedingungen bei Temperaturen gezüchtet worden waren, die um einige Grade über der Körpertemperatur lagen. Es war *Pasteur* gelungen, nachzuweisen, daß man durch dieses einfache Mittel Reinkulturen ihrer Virulenz nach und nach immer mehr berauben kann. Das wichtigste war aber, daß bei geeigneter Anwendung diese »avirulenten« Kulturen zur Schutzimpfung verwendbar waren. Der Erfolg derartiger Milzbrand-Schutzimpfungen nach *Pasteur* ist zwar nicht ganz von der gleichen verblüffenden Sicherheit wie der der Pockenimpfung beim Menschen, aber das Verfahren hat ganz außerordentlich viel zur Eindämmung der Milzbrandseuche beigetragen und damit einerseits unmittelbar großen wirtschaftlichen Schaden verhütet, andererseits mittelbar segensreich gewirkt. Zunächst verringerte es in hohem Maße die Gefahr des *Menschen*, an Milzbrand zu erkranken. Des weiteren hatte aber der offenbare, großartige Erfolg *Pasteurs* die wichtige Folge, daß das Interesse weiter Kreise auf die Immunitätsforschung gelenkt wurde.

Noch ein anderes Beispiel eines Schutzverfahrens, das auf der Einbringung abgeschwächter Krankheitserreger beruht, mag erwähnt werden. Auch seine Erfindung verdankt die Menschheit *Pasteur*; es ist die *Wutschutzimpfung*, wohl die populärste unter den Entdeckungen des großen französischen Forschers. Wir besitzen heute ebensowenig wie zu *Pasteurs* Zeiten Reinkulturen von dem Erreger der Lyssa, jener heute recht seltenen, durch den Biß von tollen Hunden oder anderen Tieren übertragbaren, fürchterlichen Krankheit. Man weiß aber, daß der Krankheitserreger in großen Mengen im Rückenmark der an Wut gestorbenen Tiere vorhanden ist, und so stellt denn ein solches, sogleich nach dem Tode unter Vermeidung jeder Verunreinigung entnommene Rückenmark eine Art von Reinkultur des Erregers dar. Die Abschwächung dieser »Reinkultur« der Keime erreichte *Pasteur* in diesem Falle durch Eintrocknen – nachdem er festgestellt hatte, daß die Abnahme der Virulenz mit dem Grade der Eintrocknung eine gewisse Übereinstimmung zeigt. Das noch heute gebräuchliche Schutzverfahren besteht darin, daß man Aufschwemmungen des Rückenmarks wutkranker Tiere den zu Schützenden unter die Haut spritzt und zwar beginnt man mit Injektionen sehr stark durch Eintrocknung abgeschwächten Materials und geht dann bei den weiteren, in bestimmten Abständen aufeinander folgenden Injektionen allmählich zu immer frischerem, d. h. also auch immer weniger abgeschwächtem Material über, bis schließlich Emulsionen vom Rückenmark eines vor ganz kurzem an Wut verstorbenen Tieres eingespritzt werden. Das ganze Verfahren nimmt Wochen in Anspruch und ist unter Umständen auch nicht unbeschwerlich, doch kommt das im Vergleich mit der drohenden Gefahr und den großen Erfolgen der Behandlung gar nicht in Betracht.

Noch ein letztes Beispiel für die Verwendung lebender, aber »avirulenter« Krankheitskeime zur Immunisierung mag erwähnt werden. *Kolle* und *Strong* haben vor wenigen Jahren angegeben, daß man dem Menschen Immunität gegen die *Pest* verleihen kann, indem man ihm kleine Mengen lebender Reinkulturen von Pestbakterien, die ihre Virulenz durch jahrelanges Fortzüchten im Laboratorium verloren haben, unter die Haut spritzt.

Während allen bisher besprochenen Methoden die Einimpfung *lebender*, aber *abgeschwächter* Krankheitserreger gemeinsam war, geht man bei anderen Verfahren von *abgetöteten* Reinkulturen aus. Meistens erfolgt diese Abtötung durch Erhitzung auf etwa 60–70°; im einzelnen richtet sich das Verfahren nach den Eigenschaften des jeweils in Betracht kommenden Keimes. In großem Umfange sind Versuche mit derartigen Impfverfahren besonders von dem russischen Arzt *Haffkine* in Vorderindien angestellt worden, und zwar handelt es sich hauptsächlich um Versuche, der Pest und der Cholera durch Schutzimpfungen entgegenzutreten.

Daß das Haffkinesche und ähnliche andere Verfahren von recht beträchtlichem Erfolg begleitet sind, wenn sie auch keinen absoluten Schutz verleihen, geht aus einem großen Beobachtungsmaterial hervor. Ob sie zur Eindämmung der Pest als Seuche wesentlich beizutragen vermögen, das erscheint recht fraglich, daran sind aber nicht die Verfahren als solche, daran ist in erster Linie der niedrige Kulturzustand und die Indolenz und Unsauberkeit der eingeborenen indischen Bevölkerung schuld.

Bei allen den besprochenen Immunisierungs-Methoden geht man von der Absicht aus, eine *Reaktion* seitens des Organismus auszulösen, deren Endziel seine Festigung gegen den betreffenden Krankheitserreger ist. Welcher Art aber diese Reaktion sei, davon hatte man keinerlei genaue Vorstellung vor den außerordentlich wichtigen Entdeckungen *von Behrings* zu Beginn der neunziger Jahre des vergangenen Jahrhunderts. Mit diesen Entdeckungen beginnt die moderne wissenschaftliche Immunitätsforschung recht eigentlich erst, ein Sondergebiet der Forschung, das im Laufe von nur 20 Jahren eminent wertvolle Ergebnisse in theoretischer wie praktischer Beziehung gezeitigt hat. Um wenigstens die Grundbegriffe der Immunitätslehre zu verstehen, müssen wir auf die ersten Beobachtungen *von Behrings* genauer eingehen.

Vor allem müssen wir nachtragen, daß vollkommen analoge Zustände von Immunität, wie man sie nach dem Überstehen einer bestimmten Infektionskrankheit seit langem kennt, auch beobachtet werden nach Überstehen von *Vergiftungen* bestimmter Art. Auch dies ist längst bekannt gewesen, ehe von einer wissenschaftlichen Immunitätsforschung die Rede war, und künstliche Immunisierungsmethoden sind beispielsweise von Schlangenbändigern auf Grund richtiger Beobachtungen und Erfahrungen schon lange geübt worden. Die ersten Grundlagen der Festigungsmethoden bestanden auch hier wohl in der Feststellung, daß das Überstehen eines Schlangenbisses gegen die Folgen späterer Bisse festige. Jedenfalls wird berichtet, daß sich Schlangenbändiger wiederholt absichtlich von Giftschlangen beißen lassen, um ihre Immunität gegen deren Gifte zu steigern resp. zu erhalten. Der Körper besitzt nun diese Fähigkeit, durch Überstehen einer Vergiftung gegen das betreffende Gift immun zu werden, keineswegs gegenüber allen Giften, sondern *nur gegenüber einer ganz bestimmten Gruppe von Giften*, zu denen außer den Schlangengiften noch einige tierische und pflanzliche Gifte und darunter, was in diesem Zusammenhange am wichtigsten ist, *auch die Bakterientoxine* gehören. Allen diesen Substanzen gemeinsam ist eine sehr verwickelte, bisher noch nicht aufgeklärte chemische Konstitution.

Von Behring und *Wernicke* gelang es nun zunächst, bei Versuchstieren durch subkutane Injektion von Diphtherietoxinen eine Immunität gegen deren giftige Wirkung zu erzielen, die sich bei geeignetem Vorgehen so sehr steigern ließ, daß die vorbehandelten Tiere die vielfachen Mengen der für unvorbehandelte (Kontrolltiere) sicher tödlich wirkenden Toxindosis ohne Nachteil ertragen konnten. *Von Behring* und *Wernicke* gelang es weiter, die grundlegende Tatsache festzustellen, daß das Blut, insbesondere das Blut*serum* solcher giftfest gemachter (toxinimmuner) Tiere die merkwürdige Eigenschaft gewonnen hatte, die giftige Wirkung einer Toxinlösung, mit der es gemischt wird, aufzuheben, zu »neutralisieren«, eine Fähigkeit, die dem

Serum normaler (unvorbehandelter) Tiere fehlt: Injiziert man einem empfänglichen Versuchstiere eine Toxindosis von bekannter hoher Wirksamkeit, einem anderen Tiere unter sonst ganz gleichen Bedingungen die gleiche Dosis, aber vermischt mit einer kleinen Menge des Blutserums *eines immunisierten Tieres*, so wird das erste Tier schwer erkranken oder gar sterben, das zweite dagegen den Eingriff ohne Schaden ertragen. Es zeigte sich bei der weiteren Verfolgung dieser außerordentlich bedeutsamen Tatsache, daß man unter Umständen ein unvorbehandeltes Tier durch Einspritzung von Serum eines Immuntieres auch gegen eine *nachfolgende* Injektion von Toxinen schützen kann, und daß man umgekehrt auch ein unvorbehandeltes Tier, dem man eine tödliche Toxindosis allein injiziert hat, durch eine nachträgliche Einspritzung von Immunserum noch zu retten vermag. *Von Behring* erklärte sich diese merkwürdigen Tatsachen durch die anfänglich viel umstrittene, bald aber in ihren wesentlichen Teilen allgemein anerkannte Annahme, daß in dem Blutserum der mit Toxinen in geeigneter Weise vorbehandelten Tiere besondere Substanzen auftreten, die die Toxine zu neutralisieren vermögen, Substanzen, die er als »*Antitoxine*« bezeichnete.

In welcher Weise die Neutralisation der Toxine durch die Antitoxine vor sich geht, diese schwierige Frage ist Gegenstand scharfsinnigster Untersuchungen gewesen, und völlige Einigkeit darüber besteht auch heute noch nicht. Als durchaus gesichert kann nur die Anschauung gelten, daß die Neutralisation der Toxine durch die Antitoxine auf einer unmittelbaren Einwirkung beider Substanzen aufeinander, u. z. auf einer Bindung, beruht; welcher Art diese Bindung ist, darüber gehen die Meinungen auch heute noch auseinander. Es ist anzunehmen, daß in verschiedenen Fällen etwas verschiedene Vorgänge sich abspielen. In diese höchst verwickelten Verhältnisse einzudringen, können wir hier gar nicht versuchen; die große Schwierigkeit, die sich der Forschung vorläufig noch unüberwindlich in den Weg stellt, ist der Mangel exakter Kenntnisse über die chemische Konstitution der Toxine sowohl wie auch der Antitoxine. Daß es trotzdem gelungen ist, ziemlich genaue Vorstellungen über Bau, Wesen und Wirkungsweise dieser Substanzen zu gewinnen, ist in erster Linie biologischen Forschungsmethoden, d. h. vorwiegend Tierexperimenten, zu verdanken, um deren Ausgestaltung und Ausnutzung sich vor allen der deutsche Gelehrte *Paul Ehrlich* unvergängliche Verdienste erworben hat.

Die genauere Erforschung der Antitoxine zeigte zunächst, daß diese Substanzen die Eigenschaft der *Spezifität* in ausgesprochenem Maße besitzen: Diphtherie-Antitoxine vermögen ausschließlich nur die Toxine der Diphtheriebazillen, nicht aber diejenigen anderer Bakterien zu neutralisieren. Diese Tatsache kann uns nicht überraschen, steht sie doch im besten Einklang mit unserer Erfahrung von der Spezifität der Immunitätszustände überhaupt. Ja, wir werden umgekehrt uns darüber Rechenschaft ablegen müssen, daß die Anerkennung der Bedeutung der neu entdeckten Substanzen für die Immunität den Nachweis ihrer spezifischen Natur geradezu zur Voraussetzung hatte.

Der Entdeckung der Antitoxine folgte bald Schlag auf Schlag diejenige anderer spezifischer »*Antikörper*« oder »Immunsubstanzen« im Serum von Tieren, die nicht gegen Toxine, sondern gegen pathogene Bakterien – durch Injektion abgeschwächter lebender Keime oder durch Einverleibung abgetöteter Reinkulturen – immunisiert waren. Bei derartigen Immunisierungsprozessen gewinnt – mit anderen Worten – das Serum mannigfaltige, streng spezifisch nur gegen die zur Vorbehandlung verwandte Bakterienart gerichtete Eigenschaften bzw. Fähigkeiten, die man auf verschiedene Arten von »Antikörpern« oder »Immunsubstanzen« zurückführt. Voraussetzung für den Eintritt aller dieser spezifischen Reaktionen ist – im allgemeinen –, daß das zum Zwecke der Immunisierung einverleibte Material durch Injektion direkt in die Gewebe des Körpers oder in die Blutbahn gelangt, nicht aber auf dem nächstliegenden Wege: durch Fütterung.8 Durch den Verdauungsvorgang werden nämlich die einverleibten Toxine oder bakteriellen Substanzen anderer Art in einfachere Verbindungen zerlegt (abgebaut), und diesen einfacheren Körpern geht die Eigenschaft ab, die Antikörperproduktion zu verursachen.

Die antibakteriellen Immunsubstanzen sind mannigfaltiger Art, und es ist heute noch keineswegs Einigkeit über ihre Bedeutung für die Heilung der Infektionskrankheiten erzielt.

Der bekannte Münchener Hygieniker *Gruber* entdeckte anfangs der 90er Jahre die sogenannten »Agglutinine«, Serumsubstanzen, die die Eigentümlichkeit haben, auf Bakterien der zur Vorbehandlung verwandten Art zusammenballend zu wirken. Der Vorgang der Agglutination läßt sich sehr leicht unmittelbar beobachten, wenn man z. B. zu einer Reinkultur von Typhusbazillen in Nährbouillon eine Spur eines »Typhusimmunserum«, d. h. Serum eines gegen Typhusbazillen immunisierten Tieres, zusetzt: die Typhusbazillen, die vorher dank ihrer sehr lebhaften Beweglichkeit nach allen Richtungen hin durch die Flüssigkeit hin und her schossen und sich in ganz gleichmäßiger Weise darin verteilten, verlieren kurze Zeit nach dem Serumzusatz ihre Beweglichkeit und werden allmählich zu kleinen, dann zu immer größeren Häufchen miteinander verklebt. Man kann diesen Vorgang sehr gut unter dem Mikroskop beobachten, die Häufchen werden aber schließlich in manchen Fällen, so z. B. gerade in dem hier gewählten der Agglutination von Typhusbazillen, so groß, daß man sie ganz gut mit bloßem Auge wahrnehmen kann. Die Erscheinung ist, wie schon betont wurde, streng spezifischer Natur: setzen wir die gleiche kleine Menge Typhusimmunserum unter sonst ganz gleichen Bedingungen z. B. zu einer Cholerabazillenkultur, so bleibt das Agglutinationsphänomen aus.

Typhusagglutinine finden sich nun nicht nur im Serum künstlich gegen Typhusbazillen immunisierter Versuchstiere, sondern auch im Blute von Menschen, die eine Typhuserkrankung durchgemacht haben oder noch durchmachen. Mit anderen Worten: wir beobachten das Auftreten von Antikörpern auch bei dem natürlichen Ablauf von bakteriellen Infektionskrankheiten, nach deren Überstehen Immunität zurückbleibt, und wir sehen hierin eine Stütze der Anschauung, daß das Auftreten dieser Substanzen im Serum in einem sehr nahen Zusammenhang mit der Entstehung der Immunität steht. Andererseits dürfen wir uns diesen Zusammenhang nun nicht gar zu eng und einfach vorstellen; vor allem müssen wir sogleich dem naheliegenden Irrtum entgegentreten, daß das Auftreten von Antikörpern im Blute nun in jedem Falle die *Heilung* der Krankheit bedeute. Dies ist keineswegs der Fall. Ob die »Agglutinine« überhaupt irgendeine unmittelbare Bedeutung für die Heilung des Typhus oder einer anderen bakteriellen Infektion haben, das wissen wir nicht; es ist aber sehr unwahrscheinlich. Mittelbar sind sie von großer praktischer Bedeutung geworden, wie wir später noch genauer zu erörtern haben werden.

Mit sehr viel größerer Wahrscheinlichkeit kommt eine unmittelbare Bedeutung für Heilung und Immunität gewissen anderen antibakteriellen Immunsubstanzen zu, den sogenannten bakteriolytischen (d. h. Bakterien auflösenden) oder bakteriziden (d. h. Bakterien tötenden) Serumstoffen.

Der deutsche Bakteriologe und Hygieniker R. *Pfeiffer* entdeckte, daß das Blutserum von Tieren, die gegen gewisse pathogene Bakterien – vor allem z. B. gegen Choleravibrionen, oder gegen Typhusbazillen – immunisiert worden waren, in außerordentlich hohem Grade bakterienfeindliche Eigenschaften von strengster Spezifität gewonnen hatte. Eine gewisse bakterienfeindliche Wirksamkeit kommt, wie wir oben sahen, unter Umständen schon dem Serum normaler Tiere zu; aber die von *Pfeiffer* entdeckten Immunsubstanzen sind so außerordentlich viel stärker wirksam als dieses, daß man selbst mit mehrhundertfach, ja gelegentlich mit mehrtausendfach verdünnten »Immunseris« noch Abtötung der zur Vorbehandlung der serumliefernden Tiere benutzten Bakterienart erzielen kann.

Auf den komplizierten Mechanismus der Wirkung derartiger Antikörper, der durch die Forschungen *Pfeiffers*, *Ehrlichs*, *Bordets* und anderer Gelehrter aufgeklärt wurde, kann hier nicht näher eingegangen werden.

Mit wenigen Worten soll aber auf die Wirkungsweise und Bedeutung anderer Serumsubstanzen eingegangen werden, die in letzter Zeit nicht nur in Tagesblättern viel besprochen worden sind, sondern sogar den Weg auf die Bühne gefunden haben, die sog. »Opsonine« des englischen Arztes *A. E. Wright*:

Wenn man im Reagenzglase eine Aufschwemmung pathogener Bakterien und eine solche von lebenden weißen Blutkörperchen – diese letzteren kann man aus dem frisch entnommenen Blute gewinnen – mischt, so beobachtet man entweder gar keine oder eine geringe, nur selten eine lebhafte Phagocytose (s. Kap. II) der Keime durch die tierischen Zellen. Setzt man aber dem Gemisch eine kleine Menge frischen Blutserums zu, so wird die Phagocytose lebhafter. Man hat nachweisen können, daß diese Steigerung der Phagocytose auf einer Veränderung der Bakterien durch gewisse Serumsubstanzen beruht, die *Wright* als Opsonine bezeichnet hat. Der Gehalt verschiedener Sera an solchen Opsoninen ist nun verschieden; er läßt sich mit Hilfe komplizierter Methoden einigermaßen sicher bestimmen, und nach *Wright* soll dieser Opsoningehalt des Serums eines Kranken von großer Wichtigkeit für den Krankheitsverlauf sein. Das Bestreben des Arztes muß deshalb nach seiner Ansicht dahin gehen, bei Infektion durch ein bestimmtes Bakterium den Gehalt des Blutserums des Patienten an Opsoninen für diese Bakterienart zu steigern. *Wright* strebt dies Ziel durch Injektion kleinster Mengen abgetöteter Reinkulturen des Krankheitserregers an, also auf dem Wege der *aktiven* Immunisierung oder, wie er sich ausdrückt, durch »Vakzination«. Er hat mit seinem Behandlungsverfahren auch bei einzelnen bakteriellen Infektionskrankheiten zweifellose Erfolge erzielt, doch steht man in Deutschland einer ausgedehnten Anwendung seiner Methode heute noch skeptischer gegenüber als in seiner Heimat.

Die analoge, die Phagocytose fördernde Wirkung wie die Opsonine besitzen in besonders hohem Maße auch Immunsubstanzen, die im Serum vorbehandelter Tiere auftreten, sogenannte bakteriotrope Substanzen, die zuerst von *Denys*, später besonders von *Neufeld* studiert worden sind. Ihre Bedeutung für die Wirkung spezifisch antibakterieller Sera ist noch etwas umstritten.

Von praktischer Bedeutung ist es, daß auch »antibakterielle« Sera – ebenso wie antitoxische – als Heilsera zu wirken vermögen. Wenn man z. B. gleichzeitig mit (oder vor) oder kurz nach der Injektion von Typhusbazillen in tödlicher Dosis einem Versuchstier eine geeignete, sehr kleine Menge spezifischen Antityphusserums (von einem immunisierten Tiere) einspritzt, so wird es durch die Wirkung der übertragenen Antikörper gerettet. Von größter Bedeutung für die Verwertbarkeit der Heilsera ist die Tatsache, daß diese sich unter geeigneten Bedingungen relativ lange Zeit aufheben (konservieren) lassen, ohne ihre Wirksamkeit einzubüßen. Die Aufbewahrung erfolgt entweder im ursprünglichen flüssigen Zustand – meist nach Zusatz kleiner Mengen einer antiseptischen Substanz (z. B.

Karbolsäure), der die Entwickelung von Keimen aller Art verhindert, oder auch in getrocknetem Zustand.

Man könnte meinen, durch die Entdeckung der Serum-Antikörper sei den bakteriellen Infektionen der Stachel genommen: man brauche nur durch Injektion von abgetöteten oder abgeschwächten Reinkulturen eines Krankheitserregers eine spezifische Immunität bei Tieren zu erzeugen; dann habe man in deren Blutserum die »Antikörper«, deren Übertragung auf den Menschen Schutz oder Heilung bringen müsse. Diese Hoffnung konnte man in der Tat angesichts der vielversprechenden Ergebnisse der ganzen Immunitätswissenschaft wohl hegen; aber sie hat sich vorläufig nur zum kleinsten Teil erfüllt. Ein Heilserum von *unbedingt zuverlässiger hoher* Wirksamkeit bei einer bakteriellen Infektionskrankheit des Menschen besitzen wir außer dem Diphtherieserum noch nicht, wohl aber eine ganze Reihe von antibakteriellen Heilseris, denen eine *gewisse* spezifische Wirksamkeit bei verschiedenen Infektionen zukommt. Erfolgreicher ist man ferner bei der Gewinnung von Heilseris dieser Art gegen mehrere Tierseuchen gewesen.

Wo liegen die Gründe dieser gewiß enttäuschenden – wenn auch keineswegs entmutigenden – geringen praktischen Erfolge? Sie sind mannigfacher Art. Einmal liegen insofern die Verhältnisse viel verwickelter, als es nach dem bisher Gesagten scheinen könnte, als bei verschiedenen Infektionskrankheiten der Organismus in sehr verschiedener Weise durch Antikörperbildung und anderweit reagiert. Daher gelingt die Immunisierung von Tieren gegen einen gegebenen bakteriellen Krankheitserreger auch durchaus nicht in allen Fällen leicht und vollkommen, im Gegenteil, sie versagt in einer großen Zahl von Fällen völlig. Gegen manche Infektionserreger hat man daher überhaupt vergebens versucht, wirksame Sera zu gewinnen. Außerordentlich verwickelte Verhältnisse liegen bei den angesprochen chronischen Infektionen, z. B. der Tuberkulose, vor. – Eine große Schwierigkeit, die sich der passiven Immunisierungsmethode häufig in den Weg stellt, liegt ferner darin, daß in manchen Fällen die von einem immunisierten *Tiere* – meist vom Pferde – stammenden, mit dessen Serum dem Menschen übertragenen Antikörper von dem menschlichen Organismus nicht oder nicht vollständig ausgenützt werden können.

Diese Tatsache steht in einem gewissen Zusammenhang mit der allgemein gültigen Regel, daß auch die Körperflüssigkeiten der höheren Tiere »artspezifisch« unterschieden sind. Serum eines artfremden Tieres – und mit ihm u. U. die Antikörper, die es enthält – wird vom Organismus des Menschen nach verhältnismäßig kurzer Zeit und unter eigentümlichen Vorgängen wieder ausgeschieden, eliminiert. In größeren Mengen eingeführt aber kann es, besonders bei wiederholten Injektionen, giftig wirken. Die günstigsten Chancen der Wirksamkeit wird deshalb immer ein antibakterielles Serum haben, das von *artgleichen* Individuen gewonnen wird. Diese Forderung ist aber – für den Menschen besonders – meist unerfüllbar.

Wir sehen nach alledem, daß die unmittelbaren Erfolge der Immunitätsforschung, soweit sie die Gewinnung wertvoller »Heilsera« für die den Menschen bedrohenden Infektionskrankheiten anlangen, noch verhältnismäßig bescheiden sind.

Trotzdem hat die junge Wissenschaft mittelbar auch *praktisch* sehr bemerkenswerte Resultate ergeben, die auf einer Ausnutzung der Antikörperbildung zu Zwecken der Krankheits*erkennung* (Diagnostik) beruhen. Man bezeichnet die einschlägigen Methoden als »serodiagnostische«.

Sie beruhen auf der wiederholt betonten strengen Spezifität der Antikörperreaktionen, die es einerseits ermöglicht, aus dem Nachweis eines gegen eine bestimmte Bakterienart gerichteten wirksamen Stoffes *im Serum* eines Kranken zu schließen, daß eben *diese* Bakterienart dem Krankheitsprozeß zugrunde liegt, die es anderseits gestattet, mit Hilfe eines spezifischen Antikörperhaltigen Serums eine fragliche Bakterien*art* zu erkennen.

Für beide Anwendungen der Serodiagnostik wollen wir je ein einfaches und praktisch wichtiges Beispiel besprechen. Der erste Fall – die Feststellung eines bestimmten Krankheitsprozesses durch den Nachweis spezifischer Antikörper im Serum des Patienten – wird vielfach ausgenutzt zur Sicherung der oft sehr schwierigen Diagnose des Unterleibstyphus. Im Verlaufe dieser Krankheit treten im Serum des Erkrankten, wie schon erwähnt wurde, spezifische Agglutinine für den Typhusbazillus auf. Beim Verdacht auf Typhus abdominalis prüft man daher das Blutserum des betreffenden Patienten auf seinen etwaigen Gehalt an Agglutininen, indem man ihm im Reagenzglase kleine Mengen von Typhusbazillen aus Reinkulturen zusetzt und nach einiger Zeit feststellt, ob Agglutination eingetreten ist. Der positive Ausfall der Reaktion – der Nachweis spezifischer, gegen Typhusbazillen gerichteter Antikörper im Serum – beweist eindeutig, daß der Patient, von dem die Blutprobe stammt, mit Typhusbazillen infiziert worden ist.

Umgekehrt kann man z. B. Sera, die durch Immunisierung von Tieren gegen den Choleravibrio gewonnen sind, dazu verwenden, um festzustellen, ob ein Bakterium, von dem man Reinkulturen erzielt hat, zu den echten Choleravibrionen gehört oder nicht. Das kann von der größten praktischen Bedeutung in Zeiten der Choleragefahr werden: hat man aus dem Darminhalt eines verdächtigen Falles Bakterien gezüchtet, deren Identität oder Nichtidentität mit dem Choleraerreger festgestellt werden soll, so stellt man wiederum, dieses Mal mit einem vorrätig gehaltenen spezifischen Anti-Choleraserum und der gegebenen Reinkultur, die Agglutinationsreaktion an.

Diese fällt nur dann positiv aus, wenn das spezifische Serum auf Choleravibrionen trifft. Ihr positives Resultat beweist also in diesem Falle, daß die untersuchte Reinkultur eine solche des echten Choleraerregers und somit auch, daß der betretende Krankheitsfall ein Fall von echter asiatischer Cholera war. Der negative Ausfall der Reaktion kann unter Umständen durch den Beweis des Gegenteils ebenfalls von der größten Bedeutung sein.

Diese beiden Beispiele mögen genügen, um die wesentlichen Grundlagen der Serodiagnostik verständlich zu machen, doch mag erwähnt werden, daß auf diesen Prinzipien auch noch erheblich kompliziertere Methoden aufgebaut sind, von denen als die in der Öffentlichkeit dem Namen nach bekannteste die *Wassermannsche* Seroreaktion auf Syphilis wenigstens genannt werden soll.

Endlich mag auf die wichtige Tatsache hingewiesen werden, daß die Erscheinung der Antikörperbildung weit über das Gebiet der Infektionskrankheiten hinaus verbreitet und von großer und vielfältiger Bedeutung ist. Im Anschluß an die Beobachtungen bei der künstlichen Immunisierung von Tieren gegen Bakterien und deren Produkte stellte zuerst der bekannte belgische Forscher *Bordet* fest, daß analoge »Antikörper« im Serum von Tieren nachweisbar werden, die parenteral mit Fremdeiweiß, d. h. mit Körperflüssigkeiten (vor allem Blutserum) oder Körperzellen *einer anderen Tierart* vorbehandelt worden waren. Eine Fülle von theoretisch wichtigen und praktisch bedeutsamen Entdeckungen folgten dieser ersten. Da auch diese »Antikörper« gegen artfremde Eiweißsubstanzen sich als streng spezifisch erwiesen, so ließen sich ganz analoge serodiagnostische Methoden, wie wir sie vorher besprochen haben, auch zur Unterscheidung von tierischem Eiweiß, z. B. von Blut verschiedener Tierarten darauf gründen, Methoden, die inzwischen immer größere Bedeutung erlangt haben, in erster Linie auf Grund der außerordentlich großen Feinheit und Zuverlässigkeit, die diese Reaktionen besitzen.9

Was den Mechanismus der Produktion der verschiedenen Antikörper anlangt, so gehört seine Erforschung zu den schwierigsten Aufgaben der Biologie. Von der größten Bedeutung für das Eindringen in diese sehr verwickelten Verhältnisse war eine von *Paul Ehrlich* aufgestellte, unter dem Namen der »Seitenketten-Theorie« berühmt gewordene Hypothese, die hier aber nur erwähnt, nicht erörtert werden kann.

Die Bildung der meisten Immunsubstanzen erfolgt, wie besonders durch Untersuchungen von *Wassermann* festgestellt worden ist, in der Milz und im Knochenmark der höheren Tiere, also in Organen, die mit der Blutbereitung und Bluterneuerung zu tun haben. Auch durch diese Beziehung werden wir wieder an den nahen Zusammenhang der Immunitätsreaktionen mit den allgemeinen Abwehrreaktionen des Organismus höherer Tiere erinnert, bei denen ja Bestandteile des Blutes die entscheidende Rolle spielen. (Vgl. Kapitel II.)

Kapitel IV.

Maßnahmen zur Bekämpfung der Infektionskrankheiten im allgemeinen. – Die wichtigste Ansteckungsquelle ist der infektiös kranke Mensch. – Keimträger. – Maßnahmen der allgemeinen Prophylaxe: Quarantäne und Kontrollsystem zur Aussperrung exotischer Seuchen. – Isolierung infektiös Kranker. – Vernichtung der Ausscheidungen solcher Kranker. – Verhütung der Verschleppung von Keimen. – Verhütung des Eindringens von Keimen in den gesunden Körper.

Wenn wir als letztes Ziel des Kampfes gegen die Bakterien als Krankheitserreger die Befreiung der Menschheit von diesen gefährlichen kleinen Feinden ins Auge fassen, so müssen uns die bisher erreichten Erfolge dürftig erscheinen, verglichen mit dem gewaltigen Schaden, den fort und fort die Infektionskrankheiten der Menschheit zufügen.

Anderseits können die wenigen großen Erfolge, die bisher erzielt worden sind, uns die Hoffnung auf weitere Fortschritte geben. Wir brauchen uns nur das Beispiel der Pockenkrankheit vor Augen zu halten, die durch die Einführung der Schutzpockenimpfung in denjenigen Kulturländern, die dieses Mittel mit voller Energie durchführten, praktisch beseitigt worden ist.

Da wir über analoge Schutzimpfungen oder über andere vollkommen gleichwertige radikale Schutzmittel gegen das große Heer der uns bedrohenden bakteriellen Infektionen noch nicht verfügen, so sind wir darauf angewiesen, andere uns zu Gebote stehende Mittel auszunutzen, um die Verbreitung von Infektionen zu vermeiden.

Die wichtigste Grundlage für alle Bestrebungen in diesem Sinne sind richtige Vorstellungen von den Bedingungen, unter denen Krankheitserreger in unseren Körper eindringen und uns gefährlich werden können. Die allgemeine Erfahrung lehrt uns für eine ganze Reihe von Krankheitsprozessen, daß wir der Infektionsgefahr ganz wesentlich durch den *Verkehr mit Erkrankten* ausgesetzt werden, und auch die genaue Erforschung der Verbreitung der Bakterien in der Natur hat, von ganz verschwindenden Ausnahmen abgesehen, das Ergebnis gehabt, daß überall *der infektiös kranke Mensch die gefährlichste Ansteckungsquelle* für seinen Nebenmenschen bildet. Suchen wir in der Außenwelt auch mit den feinsten Methoden der modernen Wissenschaft nach krankheiterregenden Bakterien, so finden wir die überwiegende Zahl von ihnen überhaupt niemals, andere ungemein selten. Nur ganz vereinzelte Arten, die sich alle dadurch auszeichnen, daß sie nur gelegentlich dem Menschen gefährlich werden können, für gewöhnlich aber als Saprophyten existieren, treffen wir häufiger an, so z. B. den Tetanusbazillus. Dessen Dauerformen (Sporen) können sich in der Außenwelt sehr lange lebensfähig und infektionstüchtig erhalten. Daß aber die Gefahr, die gerade von diesen besonders widerstandsfähigen Keimen den Menschen droht, nicht überschätzt werden darf, das kann man schon aus der relativen Seltenheit der Krankheit entnehmen.

Die überwiegende Mehrzahl der für den Menschen in Betracht kommenden schädlichen Keime erliegt – in die Außenwelt gelangt – raschem Altern, dem Mangel an Nahrung, vor allem an Wasser, den zahlreichen physikalischen Schädlichkeiten, besonders der Einwirkung des Lichtes, das ja zu den gefährlichsten Feinden der Bakterien gehört. Von größter, für den Menschen vorteilhaftester Bedeutung ist in dieser Hinsicht die Tatsache, daß die allermeisten pathogenen Bakterien der Eigenschaft ermangeln, widerstandsfähige Dauerformen (Sporen) zu bilden, die imstande wären, sich in der Außenwelt länger zu erhalten.

Daraus ergibt sich nun, daß die meisten Krankheitserreger nur ganz kurze Zeit nach dem Verlassen des erkrankten Körpers lebend und infektionstüchtig bleiben, somit weiterhin auch, daß wir ansteckungsfähige Keime im allgemeinen nur in der allernächsten Umgebung Kranker zu erwarten resp. zu vermeiden haben. Von großer Bedeutung ist es da, für jede Infektion und jeden pathogenen Keim genau zu wissen, in welcher Weise und auf welchem Wege er den Körper des Patienten verläßt. Das richtet sich naturgemäß vor allem nach den Organen, die von dem Krankheitsprozeß ergriffen sind; aber doch nicht nur danach; und gerade die Kenntnis der Ausnahmen ist oft wichtig.

Daß der Lungenschwindsüchtige große Mengen virulenter Tuberkelbazillen mit den seinen Tröpfchen ausscheidet, die er beim Husten verspritzt, ist heute wohl allgemein bekannt. Das gleiche gilt für Diphtherie, Influenza, Keuchhusten. Große Mengen infektionstüchtiger Keime können im Eiter von Geschwürflächen, eiternden Wunden, im Sekret entzündeter Schleimhäute usw. vorhanden sein. Der Cholerakranke scheidet enorme Mengen von Cholerabakterien mit seinen Darmentleerungen aus, ebenso der Typhuskranke Typhusbazillen. Die letzteren finden sich aber auch oft in enormen Mengen im Harn der Patienten. – Wir sehen, auf den verschiedensten Wegen gelangen die Krankheitskeime in die Außenwelt und werden zur Gefahr für die Nebenmenschen Erkrankter.

Die neueste Zeit hat uns nun auf diesem Gebiete der Ansteckungsgefahr noch einige unangenehme Überraschungen gebracht, die nicht verschwiegen werden dürfen. Es hat sich nämlich die sehr merkwürdige Tatsache herausstellt, daß bei manchen Infektionskrankheiten noch lange Zeit, zuweilen Wochen, ja Monate und ausnahmsweise sogar Jahre nach dem Eintritt *völliger Heilung infektionstüchtige Krankheitserreger im Körper* gefunden und von dem längst Genesenen ausgeschieden werden können. Besonders wichtig ist das relativ häufige Vorkommen dieser Erscheinung beim Unterleibstyphus. Auch bei der asiatischen Cholera und der Pest hat man Ähnliches festgestellt.

Die große Gefährlichkeit solcher gesunder »Bazillenträger« liegt darin, daß man sich vor ihnen natürlich nicht in acht nimmt, da man ihnen nichts Böses anmerkt. Auch diese Gefahr ist aber zu bekämpfen; der Ansteckungsstoff findet sich ja ausschließlich in den Ausscheidungen solcher Menschen, sie müssen deshalb zur größten Sorgfalt bei deren Beseitigung erzogen werden.

Auch bei Diphtherie hat man ähnliche Verhältnisse feststellen können. Bei systematischer Untersuchung sämtlicher Schulkinder einer Schule z. B. hat man mehrfach gefunden, daß ausnahmsweise sich im Rachen von Kindern, die weder zuvor an Diphtherie erkrankt waren noch später deren charakteristische Erscheinungen zeigten, echte Diphtheriebazillen durch das Kulturverfahren nachweisen ließen.

Es mag sich wohl meistens in solchen Fällen um Kinder gehandelt haben, die an sehr leichter Diphtherie erkrankt gewesen waren. Wie dem auch sei, solche »Diphtheriebazillenträger« sind für ihre Umgebung gefährlich, da sie besonders leicht zur Verbreitung der Krankheit unter gesunden Kindern beitragen können.

Was kann geschehen, um die pathogenen Keime, die im Körper des Kranken tätig sind und von ihm abgeschieden werden, an dem Angriff auf Gesunde zu hindern und damit diese wichtigste Quelle der Ansteckungen zu verstopfen?

Wir wollen mit der radikalsten Maßnahme beginnen: sie besteht in der Vernichtung der pathogenen Keime *zusammen mit dem infizierten Individuum.* Daß sie auf menschliche Verhältnisse nicht anwendbar ist, bedarf keiner Erörterung. Zur Unterdrückung von Tierseuchen, z. B. Rotz, Milzbrand, vor allem der Wutkrankheit, die auch für den Menschen gefährlich sind, ist sie mehrfach angewandt worden. Man wird z. B. keinen Augenblick an der Berechtigung, ja an der Verpflichtung des Menschen zweifeln können, einen tollwutkranken Hund zu erschießen, um die Ausbreitung der ohne die Anwendung des langwierigen Schutzimpfungsverfahrens sicher zum Tode führenden Krankheit zu verhüten. Zur Vernichtung der Wutkeime aber wird man am besten den Leichnam verbrennen.

Den infektiös kranken *Menschen* können wir für seine Nebenmenschen wirklich ungefährlich nur dann machen, wenn wir ihn absperren, »isolieren«.

In rigoroser Weise geschieht dies seit langem zur Eindämmung der Lepra, des »Aussatzes«, durch mehr oder weniger zwangsweise erfolgende Internierung der Erkrankten in Lepraspitälern, Leproserien, die streng gegen die Außenwelt abgeschlossen werden. Das heute nahezu vollständige Verschwinden der Lepra in Deutschland beweist am besten die Wirksamkeit dieser Maßnahmen.

Besonders strenge *Aus*sperrungsmaßnahmen finden zur Abwehr der *exotischen Seuchen* Anwendung. Diese eminent infektiösen Krankheiten – Pest und Cholera vor allem – sind heute noch lebendig in Vorderasien, wo sie niemals ganz erlöschen, und bedrohen die Kulturländer Europas. Man schützt sich – mit gutem Erfolge – gegen ihr Eindringen durch eine strenge, nach internationalen Vereinbarungen geregelte *Kontrolle* des Verkehrs, vor allem des *See*verkehrs, der in dieser Hinsicht günstigere Verhältnisse bietet, als derjenige zu Lande.10 Das Ziel aller dieser Maßnahmen ist die radikale Verhütung der *Einschleppung* der Seuche, d. h. des Eindringens eines von ihr befallenen Menschen oder Tieres, sowie der Einfuhr etwaiger infektiöser Keime, die mit den Ausscheidungen Kranker an irgendwelchen Gegenständen, Kleidern, Gepäck, Waren haften.

Früher suchte man dies in den Häfen durch die sogenannten Quarantänen zu erreichen: Schiffe, die aus verseuchten Ländern kamen, mußten eine mehr oder weniger lange Zeit unter gesundheitspolizeilicher Kontrolle in einer Quarantänestation bleiben, bis ihnen die Erlaubnis zur Ausschiffung der Passagiere gegeben wurde. Etwa erkrankte Reisende wurden in das mit der Station verbundene Lazarett aufgenommen. Die Zeit der Beobachtung war auf Grund der Erfahrungen über die Inkubationszeit der jeweils gefürchteten Seuche festgesetzt und stets reichlich bemessen. Das ganze System war für die Reisenden natürlich außerordentlich lästig.

Bei dem gewaltigen Umfang des internationalen Verkehrs von heute wäre das Quarantänewesen in dieser Form undurchführbar. An seine Stelle ist eben eine genaue, auf internationalen Abmachungen beruhende Kontrolle des Seeverkehrs getreten.

Im einzelnen können wir hier nicht alle Bestimmungen und Maßnahmen besprechen, die dieser Kontrolle des Verkehrs dienen, sie bestehen im wesentlichen in ärztlichen Revisionen der Schiffe, die aus verseuchten Gegenden *abfahren*, und besonders sorgfältigen Revisionen im *Ankunfts*hafen; von Wichtigkeit ist auch die Bestimmung, daß an Bord der Schiffe, die dem überseeischen Personenverkehr dienen, ein Schiffsarzt sein *muß*, der verpflichtet ist, über etwaige verdächtige Krankheitsfälle, die während der Reise vorgekommen sind, Meldung zu erstatten.

Auf diese Weise muß es – bei pflicht- und sachgemäßer Durchführung der vorgeschriebenen Maßregeln – gelingen, im Ankunftshafen etwaige infektiös Kranke sofort in ein besonderes »Isolier«-Spital zu bringen, und ebenso z. B. im Falle, daß während der Reise an Bord eines Schiffes Krankheits- und Todesfälle an einer bestimmten Seuche vorgekommen sind, alle diejenigen Personen ärztlich zu untersuchen und zu überwachen, eventuell auch zu isolieren, die der Gefahr der Ansteckung ausgesetzt waren. – Anderseits kann in allen den überwiegend häufigeren Fällen, in denen auf Grund der ärztlichen Beobachtung die Gefahr einer Seuchen-Einschleppung verneint wird, alsbaldige Ausschiffung aller Reisenden erfolgen. Die Unannehmlichkeiten der alten Quarantäne fallen also fort, das Ziel: die *Aussperrung* seuchenhaft Kranker, wird trotzdem erreicht.

Das gleiche Ziel strebt man gegenüber der Seucheneinschleppung auf dem Landwege durch möglichste ärztliche Überwachung des Verkehrs, besonders des Eisenbahn- und des Flußverkehrs, an; die Schwierigkeit erfolgreicher Absperrung ist hier begreiflicherweise unvergleichlich viel größer als zur See.

Kommt es trotz aller Vorkehrungen zur Einschleppung einer Seuche, beispielsweise eines Falles von Cholera, so ist die nächste Maßnahme wieder die sofortige Isolierung des Kranken in einem hierzu geeigneten Spital. Voraussetzung dafür ist die richtige Erkennung der Natur der Krankheit. Um diese zu ermöglichen, besitzen die Kulturländer bakteriologische Untersuchungsanstalten in den größeren Städten und Zentralen für derartige Untersuchungen, wie sie das Deutsche Reich im Reichsgesundheitsamt, das Königreich Preußen im Kgl. Institut für Infektionskrankheiten in Berlin unterhält. Für alle verdächtigen Fälle besteht die Anzeigepflicht der Ärzte an die Behörden, die dann für umgehende Einsendung des nötigen Materials an die zuständigen Untersuchungsanstalten sorgen. Kommt ein verdächtiger Todesfall vor, so wird die sachverständige Obduktion der Leiche unter Umständen am raschesten Aufschluß über die Natur der Erkrankung geben. – Von nun an wird allenthalben die Aufmerksamkeit der Behörden und der Ärzte auf jeden verdächtigen Krankheitsfall gerichtet sein, und, wo ein solcher vorkommt, wird wieder seine tunlichst rasche »Isolierung« die nächste Aufgabe sein.

Diese Isolierung der infektiös Kranken ist auch bei der Bekämpfung der einheimischen (endemischen) ansteckenden Krankheiten unsere vornehmlichste Waffe. Im einzelnen verfahren wir dabei freilich nicht mit der gleichen Strenge, die gegenüber den exotischen Seuchen geboten ist. Vor allem ist die Absonderung des Kranken in besonderen, für diesen Zweck bestimmten Spitälern nicht obligatorisch, so wünschenswert sie auch im Interesse der Allgemeinheit für viele Fälle wäre. Man begnügt sich statt ihrer oft mit der Isolierung des Kranken in seiner Wohnung, vorausgesetzt, daß diese dazu die notwendigen Bedingungen bietet.

Was hat nun im einzelnen zu geschehen, um einen ansteckend Kranken in wirksamer Weise zu »isolieren«? Es bedarf kaum der Erörterung, daß mit seiner Unterbringung in einer Stube für sich oder in einer Isolierstation nicht das Ziel erreicht ist, ihn ungefährlich zu machen. Je nach Art seines Leidens kann er ja, wie wir sahen, in verschiedenster Weise – oft enorme Mengen von Krankheitserregern *ausscheiden.* Zwar kann man den erwachsenen, verständigen Menschen zur größten Reinlichkeit und zu rascher Beseitigung seiner keimhaltigen Ausscheidungen veranlassen: den Schwindsüchtigen z. B. zur Vernichtung seines Auswurfs auf die eine oder andere Weise. Aber viele Schwerkranke sind bewußtlos und somit ganz außerstande zur Reinlichkeit und Vorsicht; man denke nur z. B. an einen benommenen Typhuskranken.

Eine ganze Fülle von Maßnahmen müssen hier helfen, um der *Verschleppung* von Keimen vorzubeugen; Maßnahmen verschiedenster Art, deren Durchführung im einzelnen nur durch den Arzt und durch geschultes Pflegepersonal möglich ist. Wir wollen einige der wichtigsten von ihnen erwähnen: der Transport infektiös Kranker darf nur in besonderen Krankenwagen, nicht in beliebigen Wagen erfolgen. (Für den Transport der Leichen an ansteckenden Krankheiten Gestorbener bestehen besondere Vorschriften.) – Die sorgfältige Beseitigung und Vernichtung aller krankhaften Ausscheidungen selbst erfolgt wesentlich mit Hilfe von Desinfektionsmitteln. Die Wäsche, die Wohnung und alle Gebrauchsgegenstände des Erkrankten müssen desinfiziert werden. Soweit als möglich wird zu dem Zwecke der Keimabtötung die Hitze herangezogen werden, d. h. die Methoden der Sterilisation (s. o. S. 21). Wertlose Gebrauchsgegenstände verbrennt man. Für viele andere Gegenstände kommen allein chemische Desinfektionsmittel in Frage, vor allem für die Wohnungsdesinfektion. Für die richtige Durchführung der geeigneten Maßnahmen sorgen die Behörden, die für den Gesundheitsdienst verantwortlich sind; ebenso für die Ausbildung sachverständig geschulter Desinfektoren.

Auch die gewissenhafteste Handhabung aller dieser Maßnahmen kann nicht ausreichen, um in *jedem* Falle den Transport von pathogenen Keimen völlig zu verhindern. Die Schwierigkeiten sind zu groß. Insbesondere wird es nicht zu vermeiden sein, daß Krankheitskeime aus der nächsten Umgebung des Patienten verschleppt werden – durch Insekten, durch die Hände des Pflegepersonals, die bei Hilfeleistungen doch schließlich nicht dauernd von desinfizierenden Flüssigkeiten triefen können –, durch die Schuhsohlen und auf anderen Wegen. Vor allem sind wieder die feinsten bazillenhaltigen Tröpfchen, die vom Hustenden verstreut werden, gefährlich. Wie schützen wir uns gegen die verschleppten Keime, die bis auf unseren Körper, unsere Hände gelangen? Vor allem: wie schützen sich Arzt und Pflegepersonal?

Wir haben bei der Erörterung des Zustandekommen von »Infektionen« gesehen, daß die meisten Keime einer bestimmten *Einfallspforte* bedürfen, um uns anfallen zu können. An dieser Stelle können wir den letzten Widerstand leisten. Die Maßregeln, die wir hier treffen können, gelten nicht nur für das Krankenzimmer allein, sie gelten allgemein für jede Situation, in der wir in besonderem Grade einer bestimmten Infektionsgefahr ausgesetzt sind, insbesondere also für den Fall epidemischen Auftretens einer Krankheit. – Unsere Verteidigung wird sich verständigerweise nach den Eigenheiten des Feindes zu richten haben, der uns jeweils angreifen kann.

Der Gefahr, die vom hustenden Schwindsüchtigen verspritzten feinsten Tröpfchen einzuatmen, entgehen wir fast instinktiv dadurch, daß wir uns ein wenig von ihm entfernt halten; ein Abstand von einem halben Meter genügt in der Regel schon, um uns zu schützen.

Besteht die Gefahr einer Infektion vom Darme aus (Typhus, Cholera), so müssen wir peinlich darauf achten, daß wir keine Keime in unseren Mund bringen. Wer mit Typhus- oder Cholerakranken zu tun hat, wird auf das sorgfältigste für Reinigung und Desinfektion seiner Hände Sorge tragen, bevor er ißt oder trinkt. Der Aufnahme von Keimen mit der Nahrung beugt man weiterhin vor, indem man in Zeiten von Epidemien ausschließlich gründlich gekochte oder gebratene Nahrungsmittel von zuverlässig sauberem Eßgeschirr zu sich nimmt.

Daß die Aufnahme des Verteidigungskampfes gegen die Mikroben auch an dieser *letzten* Befestigungslinie sich noch verlohnt, ja daß sie in manchen Fällen sichere Aussicht auf den Sieg gewährt, das beweist am besten die Tatsache, daß während der letzten großen Choleraepidemie in Hamburg nicht ein einziger der zahlreichen Ärzte, die in angestrengter Berufsarbeit ständig mit den infektiös Kranken in Berührung waren, der Seuche zum Opfer gefallen ist.

Eine gesonderte Besprechung erfordern in diesem Zusammenhang noch die Maßnahmen, die zum Schutze von *Wunden* gegen das Eindringen von Infektionserregern getroffen werden sollen. Die Behandlung von Wunden, die durch Verletzungen der verschiedensten Art entstehen, ist Sache des Arztes. Je nach der Schwere, der Größe, der Entstehungsart, der Möglichkeit oder Wahrscheinlichkeit einer bei der Entstehung der Wunde gleichzeitig gesetzten Infektion, wird dieser die Maßnahmen zu treffen haben, um Schaden zu verhüten.

Zum Schutze gegen Eindringen von Krankheitskeimen sollte der Laie eine Wunde ausschließlich (nach Entfernung sichtbarer gröberer Verunreinigungen) mit sterilem Verbandzeug, das in jeder Apotheke erhältlich ist, verbinden, dem Arzt aber alle weiteren Anordnungen überlassen.

Auch jede Wunde, die das Messer des Chirurgen setzt, ist bei der Verbreitung infektionsfähiger Keime auf der Haut und den Schleimhäuten als eine mögliche Einfallspforte für pathogene Bakterien zu betrachten. Die moderne operative Medizin hat, seit einmal diese Erkenntnis zum Siege gelangt ist, immer bessere und zuverlässigere Methoden ausgebildet, um durch Keimfreimachen des Operationsgebietes, der Hände des Operateurs und aller Instrumente und Geräte, die Gefahr einer Wundinfektion auszuschließen. Auf der Einführung dieser Methoden – mittelbar also auf den Ergebnissen der bakteriologischen Forschung – basiert der gewaltige Aufschwung der Chirurgie in den letzten Jahrzehnten.

Fassen wir kurz das Erörterte zusammen: Gelingt es uns nicht, die Infektions*quelle* zuzuschütten – durch Aussperrung bei epidemischen Krankheiten, durch Isolierung der Leprösen z. B. – so suchen wir die Keime *auf dem Wege* zum Gesunden zu fassen und zu vernichten; gelangen sie doch bis zu diesem hin, so versperren wir ihnen die *Einfallspforte.* An welcher Stelle oder an welchen Stellen wir den Kampf mit den Mikroben aufnehmen, das wird am besten für jeden Einzelfall – oder doch für eine Reihe von Einzelfällen – gesondert besprochen. Es richtet sich für jeden pathogenen Keim nach der Art seiner Ausscheidung aus dem Körper des Erkrankten, nach den Krankheitserscheinungen, ihrer Art und ihrer Schwere, nach unseren Kenntnissen von dem Zustandekommen der einzelnen Infektionen.

Auf dem Gebiete der Prophylaxe können die Medizinalbehörden und die Ärzte viel leisten, und daß beide besonders in Deutschland auf der Höhe der Zeit sind, ist allgemein anerkannt. Kommt es aber trotzdem zum Ausbruch einer Seuche, so hängt deren Verlauf und Verbreitung mehr noch als von ihrer Tüchtigkeit von der Sorgfalt und dem Verständnis ab, mit denen die Bevölkerung ihren Vorschriften nachkommt.

Besonderer Teil.

Vorbemerkung.

Der Absicht und dem Umfang dieses kleinen Werkes würde eine eingehende Besprechung aller bisher bekannten bakteriellen Infektionskrankheiten nicht entsprechen. Doch schien es geboten, nicht nur einige, sondern eine größere Anzahl von Beispielen aus dem Gesamtgebiete vorzuführen. Eine Anordnung in Gruppen schien der Übersichtlichkeit halber wünschenswert; andererseits war die strenge Durchführung eines bestimmten Ordnungsprinzips schwierig; und so sind denn einigermaßen willkürlich – aus verschiedenen Gesichtspunkten – die einzelnen Gruppen von Krankheiten gebildet worden, die je in einem Kapitel zusammengefaßt worden sind.

In dem ersten Kapitel des speziellen Teils (Kap. V) sollen – wesentlich aus historischen Gründen – zwei seltene und untereinander ganz verschiedene bakterielle Infektionskrankheiten des Menschen behandelt werden: das Rückfallfieber als diejenige *menschliche* übertragbare Krankheit, deren Erreger zuerst entdeckt, d. h. gesehen wurde, und die Milzbrandkrankheit, jene selten den Menschen befallende Tierseuche, deren vollständige ätiologische Aufklärung durch *Robert Koch* den ersten großen Erfolg der modernen Bakteriologie bedeutete (vgl. Einleitung).

In einem weiteren Kapitel (VI.) sind *Pest* und *Cholera*, die beiden gefährlichsten *exotischen* Seuchen, die gelegentlich auch unsere europäischen Kulturländer bedrohen, behandelt. Es folgen als Beispiele inländischer epidemisch auftretender Krankheiten, die durch *Stäbchen*bakterien hervorgerufen werden, in dem folgenden (VII.) Kapitel: Diphtherie, Tetanus, Influenza, Keuchhusten, Unterleibstyphus. – Das folgende Kapitel (IX.) ist den wichtigsten krankheiterregenden Kugelbakterien (Mikrokokken) eingeräumt, den sogenannten »Eitererregern« im engeren Sinne (Streptokokken und Staphylokokken), ferner den Erregern der Gonorrhoe (Gonokokken), den Meningokokken und der epidemischen Genickstarre, und endlich den Pneumokokken, die als Ursache mannigfaltiger Entzündungen, besonders der Lungenentzündung, gefürchtet sind. – Ein besonderes (X.) Kapitel ist einer kurzen Besprechung der chronischen Infektionskrankheiten, der Tuberkulose, unserer schlimmsten Volksseuche, der Syphilis und der Lepra gewidmet.

Man wird in dieser kurzen Übersicht die Namen einer Anzahl zweifellos ansteckender Krankheiten vermissen. Das liegt nicht an einer ungeschickten Auswahl der Beispiele, sondern an der Lückenhaftigkeit unseres Wissens: eine Anzahl teilweise gerade ganz besonders infektiöser Krankheiten ist bisher ätiologisch noch nicht aufgeklärt; die bekanntesten unter ihnen mögen hier kurz erwähnt werden. Freilich sei darauf verwiesen, daß es durchaus nicht sicher ist, daß sie durch *Bakterien* verursacht werden. Es ist ebensogut möglich, daß niederste tierische Lebewesen (Protozoen) ihnen zugrunde liegen, ebenso wie bekanntlich die verbreitetste Infektionskrankheit überhaupt, die Malaria (das Sumpffieber) durch Protozoen verursacht wird, wie ferner auch die neuerdings viel besprochene Schlafkrankheit Afrikas eine Protozoenkrankheit ist. In erster Linie sind der akute Gelenkrheumatismus und die gefürchteten Kinderkrankheiten Scharlach und Masern zu erwähnen, deren belebte Ursache bisher trotz allen möglichen Versuchen noch unbekannt ist, weiterhin die Wutkrankheit (Lyssa). Ferner gehören hierher die Erreger der Blattern oder echten Pocken, die nach jüngst eingelaufenen Nachrichten freilich möglicherweise inzwischen bereits entlarvt sind. Vor den Blattern ist die Kulturmenschheit ja seit *Jenners* Entdeckung der Schutzpockenimpfung geschützt; auch gegen die Folgen der Bisse wutkranker Tiere haben wir in der Pasteurschen Wutschutzimpfung ein wirksames Mittel in der Hand. Auch läßt sich durch das naheliegende Mittel des »Maulkorbzwanges« nachweislich viel gegen die Verbreitung der Lyssa tun. Scharlach und Masern aber setzen vorläufig allen unseren Bestrebungen einen fast unüberwindlichen Widerstand entgegen; wir sind ihnen gegenüber ausschließlich auf die Maßnahmen der Isolierung angewiesen. – Daß verschiedene zweifellos infektiöse Krankheiten heißer Länder ätiologisch noch nicht aufgeklärt sind, mag wenigstens erwähnt werden.

Eine außerordentlich ansteckende Krankheit der Augen soll endlich noch genannt werden, es ist die sogenannte ägyptische Augenkrankheit, das »Trachom«, ein Leiden, das mit Entzündung der Augenbindehäute beginnt, der Behandlung große Schwierigkeiten macht und oft mit dem Verlust des Sehvermögens auf einem oder gar beiden Augen endigt. Nach Deutschland wird diese Krankheit hauptsächlich von unseren östlichen und südöstlichen Nachbarländern aus durch Arbeiter eingeschleppt, und nur den unausgesetzten Bemühungen unserer Medizinalbehörden ist es zu danken, daß sie nicht nur keine Fortschritte gemacht hat, sondern allmählich zurückgedrängt wird. Es unterliegt keinem Zweifel, daß die Ansteckung durch Übertragung keimhaltigen Sekrets von Person zu Person verbreitet wird, und daß die wirksamste Bekämpfung einerseits in der persönlichen Reinlichkeit aller derer besteht, die mit Trachomkranken in Berührung kommen, anderseits in der möglichst frühzeitigen und energischen Behandlung der Erkrankten. Der Erreger dieses Leidens scheint in letzter Zeit durch *v. Provaczek* entdeckt worden zu sein, doch steht die Entscheidung darüber, ob es sich um ein Bakterium handelt oder um ein niederstes tierisches Lebewesen, vorläufig noch aus. Kulturen des Mikroorganismus sind bisher noch nicht gewonnen worden.

Kapitel V.

Milzbrand. – Rückfallfieber.

Wie wir in der Einleitung erfahren haben, brachte die einwandfreie Aufklärung der bakteriellen Ätiologie der *Milzbrand*krankheit des Rindes durch *Robert Koch* den entscheidenden Sieg der für die moderne Bakteriologie grundlegenden Anschauungen mit sich. Deshalb mag es angezeigt erscheinen, gerade diese Infektionskrankheit, die dem Menschen vergleichsweise nur selten gefährlich wird, an schädlicher Bedeutung also weit hinter anderen zurückbleibt, hier an erster Stelle zu besprechen. – Der Milzbrand ist aber nicht die erste dem Menschen drohende ansteckende Krankheit, deren Erreger von einem menschlichen Forscherauge erblickt und als solcher erkannt worden ist, das ist vielmehr das heute in unserem Klima seltene Rückfallfieber, dessen belebte Ursache schon im Jahre 1873 von *Obermeier* aufgefunden wurde. Es soll an zweiter Stelle behandelt werden.

Milzbrand.

Der Milzbrand gehört zu einer kleinen Anzahl ansteckender Krankheiten, die für gewöhnlich bestimmte Tierarten heimsuchen, aber auch dem Menschen gefährlich werden können und auf ihn übertragbar sind. Eigentliche Milzbrandseuchen kamen besonders früher bei Schafen und Rindern in großer Ausdehnung vor und verursachten enormen wirtschaftlichen Schaden. Auch heute sind sie zwar erheblich eingedämmt, aber noch keineswegs verschwunden. Der Milzbrand kann außerdem auch Pferde, Schweine, Ziegen und verschiedene Arten wilder Tiere und endlich auch den Menschen befallen. – Bei den Tieren verläuft die Erkrankung unter den schwersten Allgemeinerscheinungen gewöhnlich als *Darmmilzbrand*, der sehr rasch zum Tode zu führen pflegt. Mit den dünnen, blutigen Darmentleerungen werden große Massen von Bazillen ausgeschieden, die dann im Freien nicht selten Gelegenheit finden, Sporen zu bilden. Diese Sporen können verschleppt werden und können bei ihrer großen Haltbarkeit noch nach langer Zeit zu neuen Infektionen und damit unter Umständen auch zum Ausbruch einer neuen Milzbrandseuche führen.

Beim Menschen tritt die Milzbrandinfektion in der überwiegenden Zahl der Fälle in der Gestalt eines Milzbrandkarbunkels der Haut zuerst in Erscheinung. Dieser bildet sich in der Umgebung kleiner, mit Milzbrandbazillen oder Sporen infizierter Wunden und stellt im wesentlichen eine oft recht umfangreiche eitrige Pustel der Haut dar, in deren Umgebung sich gewöhnlich eine sehr starke ödematöse Durchtränkung und Schwellung des Unterhautgewebes ausbildet. Die Infektion erfolgt entweder direkt beim Umgang mit erkranktem Vieh, besonders beim Schlachten, beim Abhäuten und Verscharren, oder – seltener – durch Sporen, die in letzter Linie wieder von irgendeinem Milzbrandfall herstammen. Es ist nicht immer ganz aufzuklären, auf welchem Wege im einzelnen Falle die infektiösen Keime an den Menschen herangelangt sind, aber es zeigt sich, wenn man die Berufsarten der an Milzbrand Verstorbenen beachtet, daß es sich fast immer um Menschen handelt, die mit Tierfellen oder Tierhaaren zu tun haben, also um Arbeiter in Gerbereien, Roßhaarspinnereien, Bürsten- und Pinselfabriken. Eine besonders gefährliche Form des menschlichen Milzbrandes ist der durch *Einatmung* von Sporen entstehende *Lungen*milzbrand (die »Hadernkrankheit«), die am häufigsten Arbeiter befällt, die in Papierfabriken mit dem Sortieren von Lumpen beschäftigt sind. Dieser »Lungenmilzbrand« verläuft in der überwiegenden Mehrzahl der Fälle tödlich.

Abb. 16.
Milzbrandbazillen mit Sporen.

Der Milzbrand*bazillus* ist ein verhältnismäßig großes Stäbchenbakterium, das der Geißeln ermangelt und daher völlig unbeweglich ist. Die Länge der einzelnen Individuen wechselt je nach den Bedingungen; in Kulturen werden lange Fäden gebildet. Sporenbildung findet – bei geeigneter Temperatur – bei Sauerstoffzutritt statt; die Sporen bilden sich im Innern der Stäbchen (s. Abb. 16) als kleine stark lichtbrechende Körnchen, die bald die Dicke des Stäbchens erreichen und schließlich frei werden, während die Reste des Stäbchens selbst verschwinden. – Wachstum und Sporenbildung finden am besten bei 37° statt. – Sehr charakteristisch sind die oberflächlichen Kolonien des Bazillus auf der Platte (s. Abb. 17 und 18).

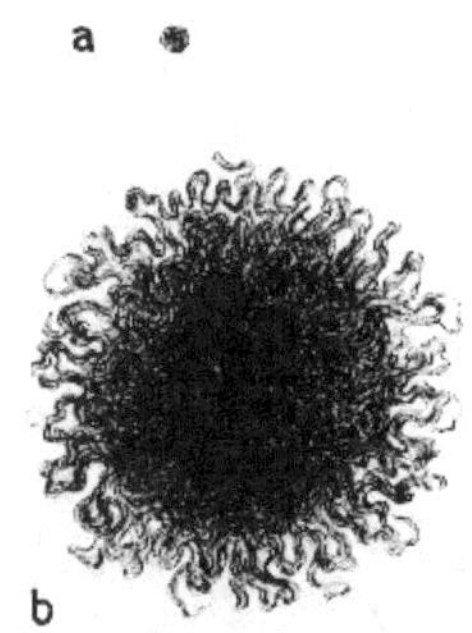

Abb. 17.
16 Stunden alte Kolonie von Milzbrandbazillen auf der Agarplatte. a natürliche Größe, b etwa 15mal vergrößert.

Bei den gebräuchlichen Versuchstieren wird durch Impfung mit kleinsten Mengen einer Reinkultur von Milzbrandbakterien eine rasch zum Tode führende Infektion ausgelöst. Die im Tierkörper gewachsenen Bazillen zeigen eine eigentümliche Veränderung, die in Kulturen auf den gewöhnlichen Nährboden nicht zur Beobachtung kommt: sie besitzen eine breite Hülle oder »Kapsel« (vgl. Abb. 19).

Abb. 18.
Klatschpräparat vom Rande einer oberflächlichen Kolonie von Milzbrandbazillen (S. Abb. 17). Aufbau der Kolonie aus einzelnen, zu regelmäßigen Fäden vereinigten Stäbchen. Stark vergrößert.

In der Bekämpfung der Milzbrandseuche beim Vieh sind ausgezeichnete Erfolge teils mit dem *Pasteur*schen Impfverfahren (s. o. Seite 43), teils mit anderen ähnlichen Methoden erzielt worden, und ohne Frage kommt diese Eindämmung der Krankheit beim Vieh indirekt auch dem Menschen zugute. Von wichtigen Maßnahmen, die die Verbreitung der Krankheit verhüten, sind vor allen Dingen solche zur rationellen Beseitigung der Tierkadaver zu nennen, ferner aber besonders Vorsichtsmaßregeln, die die Arbeiter in den obengenannten Industrien vor der Infektion schützen sollen. Im wesentlichen handelt es sich dabei um Vorschriften, die sich auf eine möglichst zuverlässige Desinfektion der Rohmaterialien erstrecken.

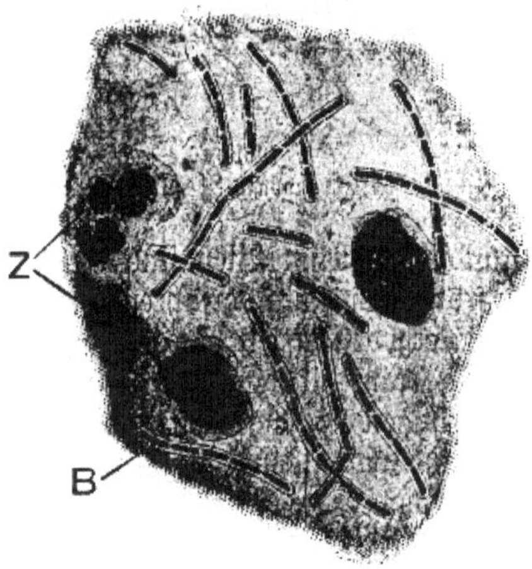

Abb. 19.
Milzbrandbazillen im Gewebsaft (Milz) einer der Infektion erlegenen Maus. B = Bazillen mit »Kapseln«; Z = drei tierische Zellen.

Von verschiedenen Forschern sind endlich auch spezifische Sera gegen Milzbrand hergestellt worden, so in Deutschland durch *Sobernheim*. Diese Sera haben sich bei Tieren sowohl zu Schutz- als auch zu Heilzwecken gut bewährt. Dagegen sind die Erfahrungen über ihren Wert für die Behandlung des menschlichen Milzbrandes noch nicht völlig geklärt, z. T. deshalb, weil die an sich seltene Krankheit beim Menschen, wie erwähnt, auch ohne spezifische Behandlung sehr häufig gutartig verläuft. Man ist aus diesem Grunde im einzelnen Falle außerstande, bestimmt zu sagen, ob ein günstiger Ausfall auf Rechnung des Heilserums zu setzen ist oder nicht. Man müßte zur Beantwortung der Frage also ein größeres Material mit Serum behandelter und unbehandelter Fälle statistisch vergleichen. Einzelne derartige Statistiken sprechen für die Wirksamkeit des Serums.

Rückfallfieber.

Das Rückfallfieber ist bei uns in Deutschland heutzutage eine im ganzen recht selten gewordene Erkrankung, die aber neuerdings besonders dadurch an Interesse gewonnen hat, daß sie als relativ häufige Krankheit unserer afrikanischen Schutzgebiete erkannt worden ist. Noch vor wenigen Jahrzehnten kamen übrigens auch bei uns in Deutschland größere Epidemien der Krankheit vor.

Das Krankheitsbild ist in erster Linie charakterisiert durch einen sehr eigentümlichen Fieberverlauf. Gewöhnlich beginnt die Krankheit plötzlich mit Schüttelfrost und schwerem Krankheitsgefühl, Gliederschmerzen und anderen etwas wechselnden Erscheinungen. Die Temperatur steigt bald sehr hoch an, meist über 40°, und fällt erst nach einer 5–7tägigen Fieberperiode zur normalen Temperatur, meist noch erheblich tiefer, ab. Gleichzeitig pflegt starker Schweißausbruch zu erfolgen, die Krankheitserscheinungen gehen zurück, der Patient scheint sich zu erholen und bleibt eine ganze Reihe von Tagen fieberfrei, bis plötzlich ein ganz ähnlicher Anfall wie der erste, der meist nur etwas kürzer ist, beginnt. Auch dieser endigt mit »kritischem« Abfall der Temperatur, die meist wiederum eine Reihe von Tagen normal bleibt, bis der dritte, meist letzte Anfall erfolgt, nach dessen Überwindung dann die Rekonvaleszenz eintritt. In seltenen Fällen ist die Anzahl der Anfälle noch größer, oft werden auch nur zwei Anfälle beobachtet. Im allgemeinen pflegt der Ausgang günstig zu sein; nur vorher geschwächte Individuen erliegen gelegentlich der Krankheit.

Im Blute von Rückfallfieberkranken während des Anfalles entdeckte bereits im Jahre 1873 der deutsche Arzt *Obermeier* feinste, Eigenbewegungen zeigende, flach schraubenförmig gewundene Fäden (Abb. 20), die er mit vollem Recht, wie wir heute wissen, als die Ursache der Krankheit ansprach. *Metschnikoff* zeigte, indem er sich selbst mit dem Blute eines Rekurrenskranken impfte, die Übertragbarkeit der Krankheit mit dem spirillenhaltigen Blute auf den Menschen: er erkrankte an typischem Rückfallfieber. *Robert Koch* gelang die Übertragung der Krankheit in gleicher Weise auf Affen. In jüngster Zeit wiesen endlich dann *Novy* und *Knapp* nach, daß man sie auch auf Ratten und Mäuse überimpfen könne, was jahrzehntelang für unmöglich galt. Erst durch diese Feststellung wurde ein genaueres Studium der Spirillen weiteren Kreisen der Forscher möglich, denn eine *Kultur* der Spirillen ist bisher *nicht* gelungen. Auch besteht übrigens bisher noch keine Einigkeit darüber, ob sie zu den Bakterien oder zu den niedersten tierischen Lebewesen gehören.

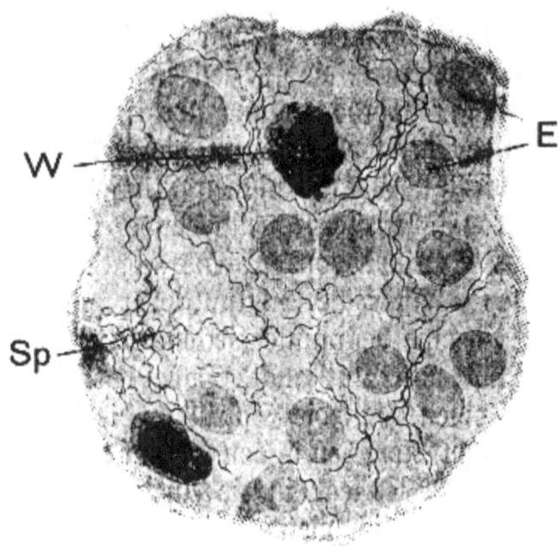

Abb. 20.
Spirillen des Rückfallfiebers im Blute einer künstlich infizierten Maus. E = rote Blutkörperchen; W = weiße Blutkörperchen; Sp = Spirillen.

Im erkrankten Körper finden sich die Spirillen ganz *ausschließlich im Blute* und in den blutbildenden Organen. Daraus ergibt sich, daß sie in keinerlei Ausscheidung der Kranken in die Außenwelt gelangen, und es ergibt sich weiter die Frage, wie denn unter diesen Umständen die Verbreitung der Krankheit zustande komme. Man hatte darüber schon längst richtige Vermutungen. Es lag nämlich sehr nahe, anzunehmen, daß blutsaugende Insekten die Überimpfung vom kranken auf den gesunden Menschen vermitteln, die wir bei experimenteller Übertragung auf Tiere absichtlich vornehmen. Damit war die Beobachtung auch gut vereinbar, daß die Krankheit ganz vorwiegend die niederen Volksklassen befällt und hier wieder vor allem die untersten Schichten, Vagabunden z. B., heimsucht, die im allgemeinen besonders viel mit Ungeziefer in Berührung kommen. Zwar ist für das europäische Rückfallfieber die Ungezieferart, die speziell für diese Übertragungen verantwortlich gemacht werden muß, noch nicht mit unbestrittener Sicherheit festgestellt, wohl aber ist diese Feststellung *Robert Koch* für die Spirille des afrikanischen Rückfallfiebers gelungen, das mit dem europäischen sehr weitgehende Übereinstimmung zeigt und auch von Spirillen von durchaus ähnlichen Eigenschaften ausgelöst wird. Das afrikanische Rückfallfieber wird nach Kochs Feststellungen durch eine bestimmte Zeckenart verbreitet, die nachts den Menschen befällt und Blut saugt. Dabei hat sich die sehr merkwürdige Tatsache gefunden, daß die Spirillen, die mit dem Blute eines rekurrenskranken Menschen in den Körper der Zecken gelangen, mit den Eiern, die das Tier legt, in die Außenwelt gelangt, nicht zugrunde gehen. Es finden sich vielmehr später in einzelnen Eiern wieder lebende Mikroorganismen, und die Zecken, die sich aus solchen Eiern entwickeln, sind nachweislich wieder imstande, Spirillen und

Rekurrensfieber auf gesunde Tiere (und also auch auf den Menschen) zu übertragen. Europäer erkranken auch in Afrika deshalb selten an Rekurrens, weil sie dem Biß der gefährlichen Zeckenart weniger ausgesetzt sind als die Neger.

Kapitel VI.

Die beiden wichtigsten exotischen Seuchen, Pest und Cholera, mit einer Vorbemerkung zu ihrer Geschichte und Epidemiologie.

Pest und Cholera.

Historische und epidemiologische Vorbemerkung.

Pest und Cholera, die beiden mörderischsten Seuchen, die die Menschheit heimsuchen, haben neben vielen unterscheidenden auch einige gemeinsame Züge: beider Heimat ist Asien, beide sind zu verschiedenen Zeiten von dort mit dem Verkehr zu Lande und zu Wasser zur Levante und nach Rußland und – auf verschiedenen Wegen – nach West- und Mitteleuropa vorgedrungen in großen Seuchenzügen, die gewaltige Opfer an Menschenleben gefordert haben. Die heute in Mitteleuropa lebende erwachsene Generation steht noch unter dem Eindruck des letzten größeren Angriffs der Cholera – der Hamburger Epidemie von 1892. Die Tatsache, daß bei unseren östlichen Nachbarn auch augenblicklich die gefürchtete Seuche haust und trotz der Fortschritte unserer Kenntnisse nicht gebändigt werden kann, vor allem aber die Tatsache, daß hier und da trotz aller Vorsichtsmaßnahmen ein oder einige Cholerafälle in die Kulturländer Westeuropas eingeschleppt werden, erinnert uns beständig daran, daß dieser Feind vor der Tür steht, und daß wir stets zu seiner Abwehr gerüstet sein müssen.

Während aber die Cholera bis zum Anfang des 19. Jahrhunderts völlig unbekannt war, stellt die *Pest* die eigentlich gefährlichste, mörderischste Krankheit des mittelalterlichen Europas dar. Die beiden großen Seuchen haben sich – in ihrer Rolle in Europa – gewissermaßen abgelöst.

So ist denn auch die Erinnerung an die Pest im Volksbewußtsein fast erloschen, die Furcht vor einem Einbruch dieses Feindes – man kann sagen, mit Recht – verschwunden.

Die fürchterlichste Pestepidemie, die Mitteleuropa überzog, war diejenige der Mitte des 14. Jahrhunderts. Man hat berechnet, daß damals ein Viertel der Bewohner Europas oder etwa 25 Millionen Menschen dem »schwarzen Tod« erlegen sind. Erhebliche Opfer forderten weitere Pestepidemien des 15. und 16. Jahrhunderts, erst im 17. Jahrhundert ließen diese nach, und erst mit dem 18. Jahrhundert verschwand die Seuche aus Westeuropa, von einzelnen kleinen Einfällen abgesehen, völlig, während sie aus dem Osten und Südosten Europas erst seit der zweiten Hälfte des 19. Jahrhunderts so gut wie verschwunden ist.

Von all dem unabsehbaren Unheil ist heute kaum etwas in unserem Volksbewußtsein geblieben, als der Name der Krankheit, der sich noch in einigen Ausdrücken erhalten hat.11

Der erste große Einbruch der *Cholera* nach Europa fand im Jahre 1826 statt, und zwar gelangte die Seuche auf dem Landwege über die Türkei und Rußland nach Deutschland, kam mit dem Seeverkehr nach England, wurde von dort aus auch nach Amerika geschleppt und gelangte gleichzeitig auch anderseits nach China und Japan.

Weitere gewaltige Seuchenzüge überzogen in der zweiten Hälfte des 19. Jahrhunderts alle bewohnten Länder der Erde, die am Weltverkehr beteiligt sind. Im Königreich Preußen allein erlagen im Jahre 1866 nicht weniger als 114000 Menschen der Cholera. Die letzte große Ausbreitung der Seuche, die auch Westeuropa vorübergehend ernstlich bedrohte, begann im Jahre 1883; zu Anfang der 90er Jahre kam die Krankheit nach Rußland, wo sie in den Jahren 1892 bis 1894 etwa 800000 Menschenleben vernichtet haben soll.

Von da aus wurde der Ansteckungsstoff nach fast allen größeren Hafenplätzen Europas verschleppt; zu einer größeren Epidemie kam es aber nur in Hamburg. Es gelang, der weiteren Verbreitung der Gefahr vorzubeugen – dank den Fortschritten der Kenntnisse über ihre Ursache, vor allem Dank der Entdeckung und Erforschung der Cholera-Erreger durch *Robert Koch.*

Unmöglich dagegen ist und bleibt bis auf weiteres die vollständige *Beseitigung* der *beiden* Seuchen, denn beide haben ihre vorläufig unangreifbaren Schlupfwinkel, entlegene Landstriche, in denen sie endemisch hausen, und aus denen sie nicht eher verschwinden werden, als durchgreifende hygienische Maßnahmen in großem Stil zur Anwendung gelangen werden. Solcher »Pestherde« sind mehrere im Innern Asiens vorhanden, ein weiterer ist in Innerafrika (Uganda) festgestellt worden. Bis zu ihrer Beseitigung wird die Gefahr eines immer neuen Aufflammens von Pestepidemien in Asien und Afrika und damit auch einer Bedrohung Europas nicht schwinden.

Ähnlich steht es mit der asiatischen Cholera, die ihre Hochburg im Gangesdelta hat, unter dessen armer Eingeborenenbevölkerung sie vorläufig unausrottbar endemisch ist. Für ihre Verbreitung sind von verhängnisvoller Bedeutung die religiösen Bräuche der Mohammedaner, die in Gestalt der Pilgerfahrten zu den heiligen Stätten des Islam wie geschaffen sind, um den Tausenden, die aus allen Himmelsrichtungen zusammenströmen, den Ansteckungsstoff zu vermitteln, den sie dann auf der Heimfahrt mit sich schleppen. Gegen die Choleraeinschleppung durch Pilger nach Ägypten hat man bisher ohne vollen Erfolg einen mühsamen Kampf geführt, und es verdient alle Achtung, daß es den europäischen Sanitätsbehörden bisher gelungen ist, im wesentlichen das Vordringen der Seuche von da aus auf dem Seewege nach Europa hintanzuhalten.

Freilich ist das ein geringer Trost Angesichts der Tatsache, daß die Cholera auf dem *Landwege* bis in die Hauptstädte Rußlands vorgedrungen ist und, damit in die nächste Nähe unserer östlichen Grenze gerückt, unsere Medizinalbehörden zu ständiger gespannter Aufmerksamkeit und schärfster Kontrolle der Grenze zwingt. Daß auch die westeuropäischen Häfen erheblich gefährdet sind, seit der unheimliche Gast in Rußland festen Fuß gefaßt hat, bedarf kaum der Erwähnung.

Die Pest.

Aus den Beschreibungen der verschiedenen Krankheitsbilder, unter denen »der schwarze Tod« in den großen Epidemien des 14. Jahrhunderts die Menschen dahinraffte, geht hervor, daß während jener Epidemien viele Fälle von *Lungenpest* beobachtet wurden. Im allgemeinen tritt diese Form der Krankheit an Häufigkeit zurück hinter der als *Beulen*pest oder Bubonenpest bezeichneten gewöhnlichen Form. Bei dieser letzteren zeigt sich als charakteristisches Krankheitssymptom eine starke, außerordentlich druckempfindliche, entzündliche Schwellung von Lymphdrüsen, meist einer solchen am Oberschenkel oder in der Leistengegend, zuweilen in der Achselhöhle, seltener am Halse oder am Kiefer. Die Krankheitskeime sind dahin von irgendeiner ganz winzigen benachbarten Hautwunde aus gelangt. Gleichzeitig mit dem Auftreten der »Pestbubonen« (geschwollenen Drüsen) setzt hohes Fieber ein. Die Kranken zeigen Bewußtseinstrübung, ihre Sprache wird lallend, und innerhalb 3–4 Tagen sterben 70–80% der Befallenen meist unter Bewußtlosigkeit. In ganz besonders schweren Fällen kann der Krankheitsverlauf noch kürzer sein.

Die *Lungen*pest kann sich entweder aus einem Falle von Beulenpest nachträglich entwickeln, oder es kann – in seltenen Fällen – gleich von Anbeginn der Erkrankung an die Lunge befallen sein. Dann verläuft die Krankheit unter dem Bilde einer Lungenentzündung, und zwar führt sie fast ausnahmslos und meist sehr rasch zum Tode.

Der Erreger der Seuche, der Pestbazillus (Abb. 21 u. 22), wurde im Winter 1893/94 gelegentlich einer in Hongkong herrschenden Epidemie gleichzeitig von einem Schüler *Pasteurs*, *Yersin*, und einem Schüler *Kochs*, *Kitasato*, entdeckt. Es ist ein kleines, kurzes, ziemlich plumpes Stäbchen mit abgerundeten Enden, das keine Eigenbewegungen besitzt, keine Sporen bildet, aber in mancher Beziehung vergleichsweise widerstandsfähig gegen physikalische Einflüsse ist; namentlich ist es im Gegensatze zu den meisten anderen krankheiterregenden Bakterien auffallend unempfindlich gegen Kälte. In Kulturen vermag es sich selbst bei + 4,5° C, wenn auch sehr langsam, zu vermehren, während die meisten pathogenen Bakterien ja erheblich höhere Temperaturen beanspruchen, und viele geradezu auf Körpertemperatur angewiesen sind.

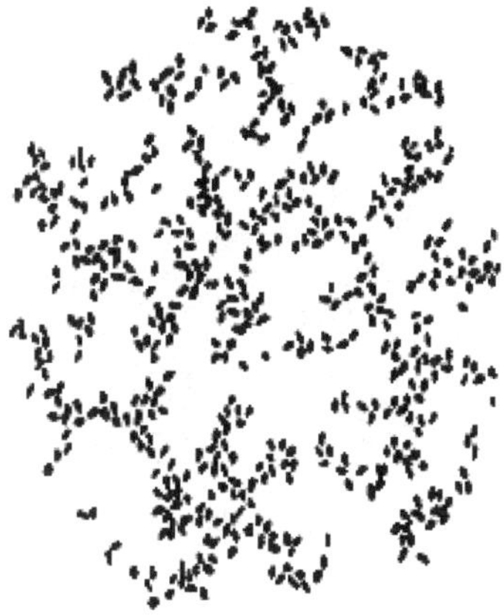

Abb. 21.
Pestbazillen aus einer Reinkultur auf Nähragar.

Dieses Pestbakterium findet sich bei der Beulenpest in den entzündeten Lymphdrüsen in kolossalen Mengen, in späteren Stadien auch im Blute und wird in solchen Fällen auf den Körper des Erkrankten streng beschränkt bleiben, also nicht in die Außenwelt gelangen, es sei denn, daß nach Vereiterung einer Lymphdrüse ein Durchbruch von eitrigem Material nach außen eintritt. In diesem letzteren Falle werden mit dem Eiter natürlich auch Pestbakterien, und zwar in großer Menge, ausgeschieden. In der überwiegenden Mehrzahl der Fälle von Beulenpest kommt es aber nicht hierzu, und daraus ergibt sich schon, daß solche Kranke selbst für ihre nächste Umgebung keine erhebliche Gefahr darstellen. Ganz anders bei der Lungenpest: der Kranke, der an dieser Form der Seuche leidet, scheidet mit seinem Auswurf massenhafte virulente Pestkeime aus und wird dadurch für seine Umgebung außerordentlich gefährlich. Auch von dieser Gefahr macht man sich aber zuweilen ganz übertriebene Vorstellungen: wer sie genau kennt, vermag ihr vorzubeugen. Das beweist am besten eine Angabe von *Schottelius*: danach erkrankten von den 99 englischen Diakonissinnen, die von 1894–1900 ausschließlich zur Pflege Pestkranker nach Bombay gekommen sind, im ganzen nur 3 an Pest, von denen zwei genasen. Überhaupt werden Europäer, auch in den Gegenden, in denen die Pest niemals erlischt, vergleichsweise nur äußerst selten von der Seuche befallen; in erster Linie deshalb, weil sie für Reinlichkeit des Körpers, der Kleidung und Wohnung Sorge tragen. – Anderseits wird die Gefahr der Pestverbreitung durch den Auswurf dadurch vergrößert, daß, wie *Gotschlich* zuerst feststellte, noch wochenlang nach der Abheilung einer Pestlungenentzündung im Auswurf des Rekonvaleszenten bzw. Genesenen Pestbazillen nachzuweisen sind.

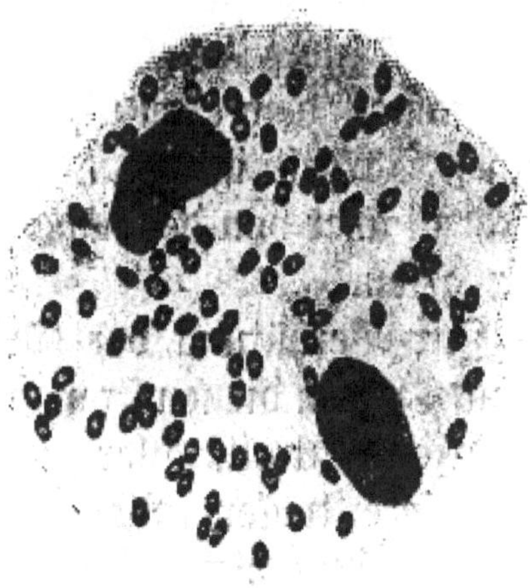

Abb. 22.
Pestbazillen im Abstrich von einer vereiterten Lymphdrüse (Bubo) bei Bubonenpest.

Von größter Bedeutung für die Entstehung und Verbreitung von Pestepidemien ist die Tatsache, daß der Pestbazillus ebenso wie für den Menschen für eine Reihe von kleineren Nagetieren höchst gefährlich ist, insbesondere für Ratten. Man hat beobachtet, daß dem ersten Auftreten von gehäuften Pestfällen unter den Menschen oft ein massenhaftes Rattensterben vorausgeht. Dies gilt vor allen Dingen für die sogenannten Pestherde, jene Gegenden, in denen die Krankheit nie vollständig erlischt. Die natürliche Verbreitung der Seuche unter diesen Tieren soll hauptsächlich dadurch erfolgen, daß die Überlebenden die Leichen der an Pest gestorbenen Tiere aufzufressen pflegen. Die Pestbazillen dringen dann in kleine Verletzungen des Rachens ein, und die ersten »Pestbeulen« finden sich dann auch häufig am Halse; d. h. mit andern Worten: in den der infizierten Wunde nächstgelegenen Halslymphdrüsen.

Durch neueste Untersuchungen ist es wahrscheinlich gemacht, daß von Ratten die Seuche auf den Menschen hauptsächlich durch *Flöhe* übertragen wird; dafür sprechen manche Erfahrungstatsachen; vereinbar damit ist z. B. die schon erwähnte Seltenheit der Erkrankung bei Europäern, die in reinlichen Wohnungen leben und sich vor Ungeziefer überhaupt schützen, ferner auch die sicherstehende Tatsache, daß einen relativen Schutz gegen die Seuche auch die unter günstigen hygienischen Bedingungen lebenden vornehmen Kasten der indischen Bevölkerung genießen, endlich die Feststellung, daß weitaus die meisten Pestbubonen an den Oberschenkeln sitzen und dadurch auf Eindringen der Krankheitskeime an den Beinen hindeuten: es ist ja einleuchtend, daß Flöhe, die von den verendeten Ratten auf den Menschen übergehen, meist zunächst auf die unbekleideten Beine gelangen und daher am häufigsten auch hier zuerst stechen werden.

Die Bekämpfung der Pest bei der armen eingeborenen Bevölkerung Indiens muß vorläufig auf die größten Schwierigkeiten stoßen, da sie nach dem eben Gesagten wesentlich in der Hebung der hygienischen Verhältnisse im allgemeinen beruhen müßte. In dieser Hinsicht ist aber von der näheren Zukunft wohl noch nicht viel Gutes zu erwarten.

Zur Verhütung der Gefahr einer *Einschleppung* der Seuche nach Europa dienen strenge Maßnahmen, die sich namentlich auf eine scharfe Kontrolle aller aus pestverdächtigen Gegenden kommenden Schiffe erstrecken. Besonderes Augenmerk wird dabei auf die Möglichkeit einer Verbreitung der Seuche durch pestkranke Ratten gerichtet. Hier kommen als Schutzmaßregeln zunächst wieder Vorkehrungen in Betracht, die das Eindringen von Ratten an Bord von Schiffen in pestverseuchten Häfen unmöglich machen sollen. Weiterhin hat man als radikalste und beste Methode die Vernichtung sämtlicher in den Schiffsräumen befindlichen Ratten durch Entwickelung giftiger Gase mit Erfolg versucht.

Sollte trotz aller Vorsicht einmal ein Pestfall nach Deutschland eingeschleppt werden, so wird der Umfang der dadurch entstehenden Gefahr in erster Linie von der Schnelligkeit abhängen, mit der die Krankheit erkannt wird. Gelingt es, den betreffenden Patienten zu isolieren, bevor er seine Umgebung angesteckt hat, so wird die Gefahr unterdrückt werden können. In erster Linie dienen diesem Zwecke sogenannte Pestlaboratorien, die im Anschluß an größere hygienische und andere staatliche Institute, die sich mit der Erforschung der Infektionskrankheiten beschäftigen, in über 20 deutschen Städten vorhanden sind. Für die Einrichtung und den Betrieb dieser Laboratorien bestehen besonders strenge und genaue Vorschriften, denn bei der Gefährlichkeit des Pestbazillus ist selbst das wissenschaftliche Arbeiten mit dem Keim mit vergleichsweise großen Gefahren verknüpft; man braucht z. B. nur an die Möglichkeit zu denken, daß eine zu diagnostischen Zwecken mit Pestmaterial geimpfte Ratte aus ihrem Käfig entwischte; dies könnte den Anlaß zu einer Pestseuche zunächst unter den Ratten geben, die dann aber unter unglücklichen Bedingungen auch auf die Menschen überspringen könnte. Auch sind einige sehr traurige Fälle, in denen Ärzte sich beim Arbeiten mit Pestbazillen eine tödliche Infektion zuzogen, ja allgemein bekannt geworden und noch in lebhafter Erinnerung.

In Gegenden, in denen die Pest heimisch, »endemisch« ist, hat man mit Erfolg, besonders bei Soldaten, Schutzimpfungsverfahren angewendet, die meist in der Injektion kleiner Mengen abgetöteter Reinkulturen des

Pestbazillus bestanden und sich nach den Berichten bewährt haben. Neuerdings sollen auch günstige Erfolge durch Schutzimpfung von Menschen mit lebenden, avirulenten Pestkulturen erzielt sein. Erwähnt sei noch, daß vom Institut *Pasteur* in Paris mittels eines langwierigen Vorbehandlungsverfahrens von Pferden ein Antipestserum hergestellt wird. Bei dem letzten unliebsamen Besuche, den die Pest vor wenigen Jahren in Europa machte – es handelte sich um eine in Oporto im Jahre 1899 ausgebrochene Epidemie –, hat sich dieses Serum, wenn auch nicht als ein sicheres Rettungsmittel, so doch als ein wertvolles Hilfsmittel erwiesen: die Sterblichkeit der mit dem Serum behandelten an Pest Erkrankten betrug nur 14,8% gegenüber einer solchen von 63,7% bei den unbehandelten.

Die asiatische Cholera.

Das Krankheitsbild der asiatischen Cholera ist je nach der Schwere der Erkrankung wechselnd. Im Vordergrunde der Erscheinungen stehen Durchfall und Erbrechen, häufig sind Wadenschmerzen. Die Stimme wird heiser, hoch, klanglos, die Haut blaß, kühl. Die Körpertemperatur sinkt – im Gegensatz zu den meisten anderen Infektionskrankheiten, die mit Temperatursteigerungen zu verlaufen pflegen –, der Tod kann in wenigen Stunden eintreten. Er tritt in schweren Fällen regelmäßig innerhalb zwei Tagen ein. Eine schreckliche Eigentümlichkeit der Krankheit ist es, daß das Bewußtsein bis in das letzte Stadium hinein erhalten zu bleiben pflegt. In leichteren Fällen sind alle diese Erscheinungen nur in geringerem Grade vorhanden, und es tritt Genesung ein.

Im Jahre 1883 ging *Robert Koch* als Führer einer vom Deutschen Reiche ausgerüsteten Expedition nach Ägypten, um an der dort herrschenden Epidemie womöglich die Ursache der Krankheit aufzuklären. Der Erfolg der Expedition war glänzend: *Koch* wies in dem Choleravibrio oder Kommabazillus den Erreger der furchtbaren Seuche nach. Es handelt sich um ein kleines, leicht gekrümmtes, lebhaft bewegliches Bakterium, das seiner Form nach zu der Klasse der Vibrionen gehört, und das sich in enormen Mengen im Darm Cholerakranker findet. Die Reinkulturen dieses kleinen Lebewesens sind von denen ungefährlicher ähnlicher Arten mit Sicherheit zu unterscheiden.

Die Verbreitung der Keime erfolgt, wie sich nach dem Gesagten schon ergibt, ganz wesentlich durch Vermittlung der diarrhöischen Darmentleerungen der Erkrankten. Gelangen diese ohne besondere Vorsichtsmaßregeln in Flußläufe, so können darin die Choleravibrionen einige Zeit am Leben bleiben und unter ungenügenden hygienischen Bedingungen, besonders also in unkultivierten Ländern, wieder zu neuen Infektionen führen, vor allem dann, wenn das infizierte Wasser ohne

Vorsichtsmaßnahmen als Trinkwasser verwendet wird. – In zivilisierten Ländern wird man zunächst jeden Cholerakranken zu isolieren trachten, sodann vor allem für die Vernichtung aller (mit den Darmentleerungen und dem Erbrochenen) ausgeschiedenen Keime durch Desinfektion der Entleerungen und der Wäsche der Kranken sorgen.

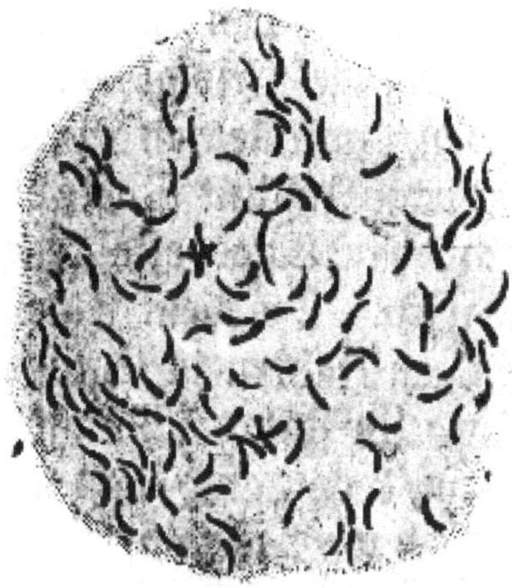

Abb. 23.
Cholera-Vibrio, Reinkultur, Abstrichpräparat. »Kommaförmige« Bakterien.

In der jüngsten Zeit hat sich herausgestellt, daß auch bei der Cholera asiatica, ähnlich wie beim Typhus, die Gefahr der Ausbreitung dadurch erhöht wird, daß in seltenen Fällen Individuen, die keine Cholerasymptome zeigen oder gezeigt haben, Choleravibrionen in ihrem Darminhalt beherbergen und mit demselben ausscheiden können. Es ist einleuchtend, daß ein solcher »Cholerabazillenträger« besonders gefährlich für die Verschleppung der Seuche sein kann, weil man nur durch umständliche Untersuchungsverfahren, die sich unmöglich auf eine größere Zahl von Menschen ausdehnen lassen, die Bazillenträger feststellen kann. Auch bei einer sorgfältigen Kontrolle des Eisenbahn- und Flußverkehrs wird man beispielsweise immer nur die wirklich *Kranken* an der Überschreitung der Grenze und Verschleppung der Seuche hindern können. »Bazillenträger« sollen übrigens nach den amtlichen Berichten bei der zurzeit (1909) in Petersburg herrschenden Epidemie ungemein häufig angetroffen worden sein und sollen wesentlich dazu beigetragen haben, daß die Unterdrückung der Seuche nicht gelingen will.

Ein wirksames *Heil*serum gegen die asiatische Cholera besitzen wir vorläufig nicht, dagegen haben Versuche, den Menschen durch Impfung mit abgetöteten oder auch avirulenten lebenden Reinkulturen vor der

Infektionsgefahr zu schützen, ermutigende Erfolge gehabt. Sie kommen natürlich ausschließlich für Cholerazeiten in Betracht und werden besonders große Bedeutung z. B. für den Schutz größerer Truppenabteilungen in verseuchten Ländern besitzen, unter Umständen also, unter denen die Maßnahmen der Hygiene nicht durchführbar sind. Immerhin kann das Schutzimpfungsverfahren auch für weitere Kreise praktische Bedeutung gewinnen, wenn wider Erwarten trotz aller Schutzmaßnahmen unserer Behörden die Seuche auch bei uns noch einmal einfallen sollte.

Weitaus am einfachsten und nach unseren Erfahrungen durchaus sicher ist diejenige Schutzmaßnahme, die jeder Einzelne in Zeiten einer Choleraepidemie zu treffen hat, um der Krankheit zu entgehen: Er hat sorgfältig zu vermeiden, daß Choleravibrionen in seinen *Mund* und von da aus in den Darmkanal geraten; abgesehen von allgemeiner großer Reinlichkeit wird man dazu in solchen Zeiten ausschließlich nötig haben, alle irgendwie verdächtigen Speisen zu vermeiden. Am zweckmäßigsten wird man also in Cholerazeiten den Genuß von rohem Obst und ungekochtem Wasser ganz unterlassen und überhaupt ausschließlich gekochte oder gründlich gebratene Speisen zu sich nehmen. Daß diese einfachen und naheliegenden Mittel sehr wirksamen Schutz gewähren, beweist die schon erwähnte Tatsache, daß die Ärzte, die während der Hamburger Epidemie der Infektion ständig ausgesetzt waren, allein durch ihre Anwendung von der Seuche so gut wie verschont geblieben sind.

Kapitel VII.

Beispiele von Infektionskrankheiten unseres Klimas, die durch Stäbchenbakterien hervorgerufen werden: Diphtherie. – Tetanus. – Influenza. – Keuchhusten. – Unterleibstyphus. (Mit einer Anmerkung über Nahrungsmittelvergiftungen durch Bakterien.)

Diphtherie.

Die Diphtherie war nach der Unterdrückung der Pocken in unserem Lande wohl mit Recht eine der am meisten gefürchteten Krankheiten des kindlichen Alters, bis sie dank dem Diphtherie-Heilserum viel von ihrem Schrecken verlor. Die Krankheit beginnt nach einer gewöhnlich nur 2–5 Tage dauernden Inkubationszeit mit Fieber, Kopf- und Halsschmerzen und Schluckbeschwerden. Diese letzteren beruhen auf der wichtigsten krankhaften Veränderung, die der Diphtheriebazillus verursacht, nämlich auf der Bildung von eigentümlichen bräunlichgrauen Auflagerungen (Pseudomembranen) auf den entzündeten Schleimhäuten des Rachens und der oberen Luftwege, der Mandeln, des Kehlkopfes, seltener der Nase. Diese Pseudomembranen können, wenn sie sehr umfangreich werden, selbst die Atmung erschweren, ja vollständig unterdrücken und dadurch zu Erstickungsgefahr führen, der der Arzt in besonders schweren Fällen nur durch einen Luftröhrenschnitt begegnen kann. Aber auch nach dem Überstehen der ersten lokalen Krankheitserscheinungen können später noch nach Wochen von diesen ganz verschiedene und zuweilen sehr ernste Komplikationen sich einstellen, die in Lähmungen bestimmter Nerven bestehen.

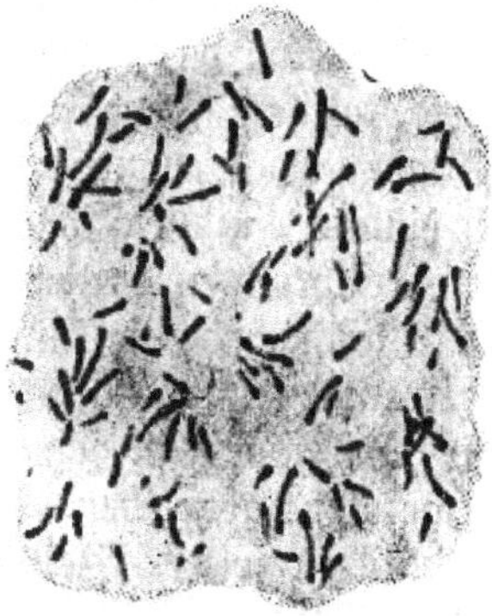

Abb. 24.
Reinkultur von Diphtheriebazillen. Abstrichpräparat.

Die Ursache der schlimmen Krankheit wurde im Jahre 1887 von *Loeffler*, einem Schüler *Kochs*, entdeckt:

Der Erreger der Diphtherie ist ein kleines unbewegliches Stäbchenbakterium, das eine eigentümliche Form und in größeren Verbänden eine charakteristische Anordnung zeigt (Abb. 24) und das sich in den erwähnten Pseudomembranen in sehr großen Mengen vorfindet. Die einzelnen Bazillen sind sehr schlank, häufig ein wenig gekrümmt, und besitzen leichte kolbige oder knopfförmige Anschwellungen an einem oder an beiden Enden, die sich schon bei der Färbung mit den gebräuchlichen Anilinfarben, besonders aber bei Anwendung besonderer Methoden, intensiver färben als die Mitte. Dieses Stäbchen vermag hochwirksame *Toxine* abzusondern, die sowohl für die lokalen Erscheinungen als auch für die späteren, schon erwähnten sogenannten postdiphtherischen Lähmungen die Ursache abgeben.

Die Ansteckung erfolgt in der Regel durch direkte Übertragung vom Kranken auf den Gesunden; doch wird auch in diesem Falle die Sachlage dadurch kompliziert, daß Diphtherie-Rekonvaleszenten noch wochen-, ja monatelang nach der Überstehung der Krankheit lebende und infektionstüchtige Diphtheriebazillen in ihrem Rachen beherbergen und dadurch zur Verbreitung der Krankheit beitragen können. Bei systematischen Untersuchungen, z. B. bei der Untersuchung sämtlicher eine Schule besuchenden Kinder, hat man mehrfach echte Diphtheriebazillen auch im Rachen von Kindern nachgewiesen, die an der Krankheit weder im Augenblick litten, noch nachweislich gelitten hatten. Diese Freistellungen lassen den Versuch, durch allgemeine prophylaktische Maßnahmen die Verbreitung der Krankheit zu unterdrücken, als ungemein schwierig erscheinen; trotzdem lehrt die Erfahrung, daß diesen Vorbeugungsmaßregeln, wie z. B. rechtzeitigem Schluß der Schulen bei Ausbruch von Epidemien, eine große Bedeutung zukommt, wenn sie in sachgemäßer Weise gehandhabt werden.

Auch heute noch ist die Diphtherie mit Recht eine gefürchtete Krankheit, aber sie hat doch ihren schlimmsten Schrecken verloren, seit *v. Behring* in dem Diphtherie-Heilserum ein wirksames und zuverlässiges Heilmittel für die Krankheit entdeckt hat.

Die Wirkung des Heilserums beruht auf dessen Gehalt an spezifischen Antitoxinen (vgl. Kap. III), die imstande sind, die Wirkung der Toxine des Diphtheriebazillus aufzuheben. Man kann dieses Heilserum auch mit Erfolg zum *Schutze* eines noch gesunden, aber der Ansteckungsgefahr ausgesetzten Menschen verwenden, und *v. Behring* selbst hat solche Verwendung in ausgedehntem Maße auch früher befürwortet. Dagegen spricht aber der Umstand, daß eine solche Schutzwirkung einer Heilseruminjektion nur eine auf wenige Wochen beschränkte Dauer hat, weil nach dieser Zeit die Antitoxine aus dem Körper des so vorbehandelten Menschen wieder verschwunden sind. Man würde also sehr häufiger Wiederholungen der Seruminjektionen bedürfen, wenn man einen dauernden Schutz erzielen wollte, und, abgesehen von der Umständlichkeit eines solchen Verfahrens, verbietet sich dies auch noch aus gewichtigen anderen Gründen, deren vornehmster in der Schädlichkeit wiederholter Einspritzungen artfremden Serums für den menschlichen Körper besteht.

Die Anwendung des Diphtherieserums wird deshalb in erster Linie zu Heilzwecken, nur in besonderen Fällen zu Schutzzwecken erfolgen dürfen. Die Heilwirkung des Mittels aber tritt um so sicherer und ergiebiger ein, je rascher nach dem Beginn der Erkrankung die Injektion erfolgte. Die frühzeitige Erkennung des Charakters einer diphtherischen Erkrankung ist also von der größten Bedeutung. In sehr frühen Stadien, in denen es zur Bildung deutlich sichtbarer Pseudomembranen noch nicht gekommen ist, vermag oft der Nachweis der echten Diphtheriebazillen im Rachen des verdächtig Erkrankten die Diagnose der Diphtherie zu sichern. Dieser Nachweis kann zuweilen schon durch die mikroskopische Untersuchung eines Ausstrichpräparates vom Rachenschleim erbracht werden. Meist erfordert er aber die Anlegung von Kulturen, die auf einem von *Löffler* angegebenen, besonders geeigneten Nährboden schon nach etwa 6 Stunden bei Brüttemperatur auskeimen. Die Kürze der Zeit, die der Diphtheriebazillus zu seiner Vermehrung auf diesem Nährboden braucht, ist für die frühzeitige Erkennung von Krankheitsfällen von sehr günstigem Einfluß. Freilich kommen die Vorteile dieser Methode vorläufig nur den Bewohnern größerer Städte zugute, die gut eingerichtete bakteriologische Untersuchungsanstalten besitzen.

Der Tetanus oder Wundstarrkrampf.

Der Wundstarrkrampf ist eine in verschiedenen Fällen sehr verschieden schwer verlaufende Erkrankung, die zustande kommt, wenn – gewöhnlich bei schweren Verletzungen, Knochenbrüchen mit Weichteilzerreißung, Quetschungen usw. – zusammen mit gröberen Verunreinigungen, Schmutz, Gartenerde, Staub, auch Tetanusbazillen in die Tiefe der Gewebe gelangen, diese so sehr verbreiteten Keime, von denen wir oben (S. 30 u. 32) schon gesprochen haben. In seltenen Fällen kann eine Tetanusinfektion auch im Anschluß an eine Geburt – von den Wunden der Geburtswege aus – erfolgen, aber immer nur dann, wenn grobe Unreinlichkeit vorgelegen hat. Charakteristisch für das Krankheitsbild sind Krampfzustände von zunehmender Häufigkeit, Ausdehnung und Schwere.

Der Tetanusbazillus, der zuerst von *Kitasato* rein gezüchtet wurde, ist ein sehr verbreiteter, anaërober Bazillus, der Eigenbewegungen besitzt und endständige Sporen bildet. Seine krankmachenden Eigenschaften beruhen auf der Bildung von Toxinen, die er auch in Kulturen produziert. Diese Toxine vermögen auch im Tierversuch Tetanus auszulösen und sind ganz außerordentlich wirksam, so daß minimale Mengen von Tetanus-Kulturfiltraten den Tod empfänglicher Versuchstiere unter den charakteristischen Erscheinungen des Wundstarrkrampfes herbeiführen.

Es ist gelungen, ein dem Diphtherieserum in seiner Wirkungsweise ähnliches Tetanusserum zu gewinnen, doch ist leider dessen Wirksamkeit nicht ausreichend, um den einmal ausgebrochenen Starrkrampf noch sicher zu heilen. Dagegen wird neuerdings berichtet, daß die Injektion verhältnismäßig kleiner Mengen des spezifischen Serums einen sicheren Schutz gegen den Ausbruch des Tetanus bei Leuten gewährt, die durch verunreinigte schwere Verletzungen in erheblichem Grade der Gefahr der Erkrankung an Wundstarrkrampf ausgesetzt sind.

Influenza.

Man bezeichnet in Laienkreisen und freilich vielfach auch in ärztlichen Kreisen mit »Influenza« oder »Grippe« häufig allerhand leichtere oder schwerere Erkrankungen, die mit Katarrhen der oberen Luftwege einhergehen. Man sollte im engeren Sinne aber diesen Namen nur auf eine ganz bestimmte, durch ihre enorme Ausbreitungstendenz charakterisierte, ausgesprochen epidemische Krankheit beschränken. Nur für diese gelten die folgenden Angaben. Die Krankheitserscheinungen bestehen in starken Kopfschmerzen und Kreuzschmerzen, großer Mattigkeit, Erscheinungen, die alle auffallend plötzlich einsetzen und sofort ein starkes Krankheitsgefühl auslösen. Dazu kommen in den leichteren Fällen Katarrhe der oberen Luftwege, die aber in schwereren Fällen, namentlich bei älteren Leuten, zu gefährlichen, ja tödlichen Lungenentzündungen führen können.

Die Ursache der Influenza wurde von R. *Pfeiffer* im Jahre 1892 in einem ganz außerordentlich kleinen Stäbchenbakterium entdeckt, dessen Reinzüchtung nur bei Körpertemperatur und ausschließlich auf Nährböden gelang, die entweder Blut oder anderes, nichtkoaguliertes Körpereiweiß enthielten. Der Influenzabazillus erliegt außerhalb des Körpers rasch der Eintrocknung und wird ohne Zweifel ganz wesentlich durch direkte Übertragung von Mensch zu Mensch gefährlich.

Diese Übertragung erfolgt in erster Linie durch die beim Husten verstreuten feinsten bazillenhaltigen Tröpfchen unmittelbar, oder, wohl seltener, mittelbar, durch sogenannte Kontaktinfektion (Kontakt = lateinisch Berührung), wenn nämlich bazillenhaltiger Auswurf auf irgendeine Weise durch Unreinlichkeit verschleppt wird, und so rasch, daß zur Eintrocknung keine Zeit ist, in die oberen Luftwege, vor allem in den Mund, eines gesunden Individuums gelangt.

Dieser direkten Übertragung von Mensch zu Mensch entspricht die außerordentlich rasche Verbreitung der Seuche in den Kulturländern, die genau den großen Verkehrswegen, speziell den großen Eisenbahnlinien, folgt und vorläufig wohl allen Schutzmaßnahmen trotzt. An ein Absperren der Grenzen gerade gegen diese Krankheit ist kaum zu denken, vor allem mit Rücksicht auf relativ leichte Fälle, die nicht erkannt werden, und so kann man gerade gegenüber der echten Influenza nach dem heutigen Stande unseres Wissens in der Tat eine sicher wirksame Schutzmaßnahme nicht angeben. Man kann nur für den Fall neuen Auftretens einer Epidemie besonders allen weniger widerstandsfähigen älteren und kränklichen Leuten empfehlen, den Verkehr mit allen irgendwie der Infektion Verdächtigen zu vermeiden, wobei dann freilich die Entscheidung, wer der Infektion verdächtig ist, so schwer ist, daß man sich am besten vollständig gegen die Außenwelt abschlösse, ein Verhalten, das nur den wenigsten Menschen möglich ist. Daß eine solche Vorsicht von Erfolg begleitet sein kann, ergibt sich beispielsweise aus der Beobachtung, daß bei Epidemien, die so gut wie niemand verschonten, sogenannten Pandemien, z. B. einzelne Klöster vollständig frei von Fällen der Seuche blieben.

Keuchhusten.

Jedermann in unserem Klima kennt die für kleine Kinder so außerordentlich ansteckende quälende Krankheit, die wegen der ungemein heftigen Hustenanfälle den Namen Keuchhusten trägt, und die, wenn auch im allgemeinen nicht gerade das Leben bedrohend, doch durch ihre lange Dauer außerordentlich schädlich und namentlich für ganz kleine Kinder nicht unbedenklich ist. Die große Ansteckungsgefahr bei dieser Krankheit ist ja allgemein bekannt. Die Verbreitung erfolgt entweder durch direkte Berührung, etwa beim Küssen, oder auch durch die beim Husten verspritzten Tröpfchen, die ihrerseits wieder entweder eingeatmet werden können oder auf Umwegen in den Mund und in die oberen Luftwege gesunder Kinder gelangen. Der Verbreitung der Krankheit läßt sich ausschließlich durch die möglichst frühzeitige Isolierung der erkrankten Kinder bis zu einem gewissen Grade vorbeugen.

Während mehrfache Versuche, den Krankheitserreger zu finden, zu unbestrittenen Ergebnissen nicht geführt hatten, scheint es jetzt, daß es den belgischen Forschern *Bordet* und *Gengou* vor zwei Jahren endlich gelungen ist, den Keuchhustenerreger in einem sehr kleinen und nur schwer in Kulturen zu gewinnenden Stäbchenbakterium zu entdecken. Eine erhebliche Stütze für die Ansicht, daß dieses Bakterium der spezifische Krankheitskeim ist, liegt in der Feststellung, daß das Serum von Rekonvaleszenten häufig spezifische Antikörper gerade gegen diesen Bazillus aufweist. Wie weit man danach zu der Hoffnung berechtigt ist, daß es in absehbarer Zeit gelingen wird, auch ein Heilserum für die Krankheit zu gewinnen, das ist vorderhand nicht abzusehen.

Typhus.

Wegen der Schwere der Krankheitserscheinungen und der Zahl der Opfer, auch wegen der großen Schwierigkeiten, die seine Bekämpfung auch heute noch der ärztlichen Wissenschaft bereitet, gehört der Unterleibstyphus zu den gefährlichsten Infektionskrankheiten unseres Klimas.

Das Krankheitsbild ist in den schwereren Fällen meist sehr charakteristisch. Nach erfolgter Übertragung des Ansteckungsstoffes pflegt eine Inkubationszeit von etwa 2 Wochen Dauer zu verstreichen, gegen deren Ende sich unbestimmte und zunächst geringfügige Krankheitserscheinungen einstellen, vor allem Mattigkeit, Unlust zur Arbeit, Appetitlosigkeit, leichte Kopfschmerzen. Ganz allmählich pflegen die Erscheinungen schwerer zu werden, die Temperatur steigt mehr und mehr an. Erscheinungen von seiten des Darmkanals, zunächst gewöhnlich Stuhlverhaltung, dann Durchfälle, stellen sich ein, dazu kommt neben gänzlicher Appetitlosigkeit quälender Durst und im weiteren Krankheitsverlauf bei besonders schweren Fällen kürzere oder längere Bewußtseinsstörungen mit allen ihren peinlichen Folgezuständen. Meist erst nach mehrwöchiger Krankheit gehen die Erscheinungen langsam zurück, das Fieber läßt nach, und endlich tritt die Rekonvaleszenz ein, die nicht selten noch durch Rückfälle unterbrochen wird. Nicht ganz selten führen aber diese schweren Fälle, trotz aller ärztlichen Bemühung, zum Tode.

Um so merkwürdiger mag es auf den ersten Blick erscheinen, daß neben schweren auch leichtere, ja, wie man seit kurzem weiß, gar nicht selten auch allerleichteste Formen von Typhuserkrankung vorkommen, die sehr oft von dem Betroffenen selbst gar nicht als Krankheit, geschweige denn als Typhuserkrankung im besonderen erkannt werden.

Die Ursache des Prozesses ist der Typhusbazillus, der zuerst von *Eberth* im Jahre 1880 gesehen, dann im Jahre 1884 von *Gaffky* zuerst gezüchtet und genauer in seinen Eigenschaften erforscht wurde. Es handelt sich um ein kleines, sehr lebhaft bewegliches Stäbchen, das diese Beweglichkeit einer größeren Anzahl von Geißeln verdankt, und das die Eigenschaft der Sporenbildung nicht besitzt. Dieses Stäbchen findet sich in allen Typhusfällen in großen Mengen im Darminhalt und in der krankhaft veränderten Darmwand, ferner aber auch im Blute der Kranken und in deren Organen. Anfänglich machte seine sichere Erkennung große Schwierigkeiten, da sich im Darm regelmäßig normalerweise Bazillen finden, die den Typhusbazillen, äußerlich wenigstens, ähnlich sehen, die sog. Kolibazillen. Man lernte aber bald auf Grund der chemischen Leistungen die beiden Bakterienarten sicher und rasch zu unterscheiden, noch leichter und schneller gelingt heute die Unterscheidung auf Grund der spezifischen Seroreaktion, die im Kapitel III besprochen wurde. – Zur Feststellung des typhösen Charakters eines verdächtigen Krankheitsfalles wird neuerdings als einfachstes Mittel der Nachweis der Typhusbazillen im Blute herangezogen. Einige Kubikzentimeter des einer Armvene entnommenen Blutes werden mit Agar vermischt zu Plattenkulturen verarbeitet. Schon vor Ablauf eines Tages entwickeln sich dann bei Brüttemperatur nahezu regelmäßig große Kolonien des Typhusbazillus mit sehr charakteristischen Eigenschaften, – vorausgesetzt, daß man es mit einem Falle von echtem Typhus zu tun hatte.

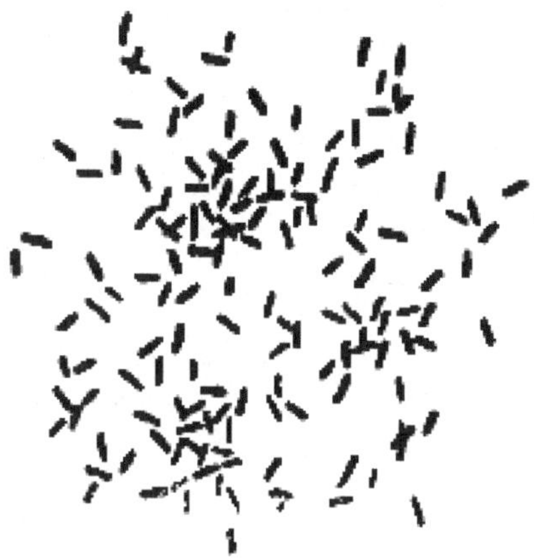

Abb. 25.
Typhusbazillen; Abstrich von einer Reinkultur.

Da die erste und wesentlichste Ansiedelung der Typhusbazillen im Darm erfolgt, ist es wahrscheinlich, daß sie immer vom Mund aus in den Körper eindringen. Vereinzelte Typhusfälle, die hier oder da auftreten, beispielsweise Erkrankung des Pflegepersonals in großen Krankenhäusern, sind ohne Zweifel darauf zurückzuführen, daß Typhusbazillen aus den Ausscheidungen eines Kranken auf irgendeinem Wege mit den Nahrungsmitteln oder mit der Hand in den Mund des Gesunden gelangt sind. Nicht nur die Darmentleerungen, sondern in sehr vielen Fällen auch der Harn der Kranken enthält enorme Mengen der infektiösen Keime, und es ist nur zu erklärlich, daß, namentlich in der Umgebung benommener Kranker, tausend Möglichkeiten der Kontakt-Infektion gegeben sind.

Neuerdings ist z. B. von Geheimrat *Curschmann*, einem der erfahrensten Typhuskenner, besonders auf die Rolle der Fliegen bei der Verschleppung von Keimen hingewiesen worden; daß diese Tiere mit kleinsten Partikelchen der Entleerungen eines Kranken Keime verschleppen können, ist von vornherein einleuchtend; man hat es aber auch unmittelbar nachweisen können, indem man Fliegen aus dem Krankenzimmer eines Typhösen über eine Nähragarfläche kriechen ließ und nach einiger Zeit neben anderen Kolonien auch solche des Typhuserregers aufgehen sah.

Die wichtigste Maßnahme, die zur Eindämmung der Typhuserkrankungen führen kann, ist deshalb wiederum die absolute oder doch tunlichste Isolierung des erkrankten Menschen. Schwerkranke sollten immer in Krankenhäusern untergebracht werden, die über besondere Isolierstationen verfügen. Von den ganz leichten Fällen ist dies selbstverständlich nicht zu verlangen. Unbedingte Erfordernis ist aber, daß sämtliche typhusbazillenhaltigen Ausscheidungen sofort in besonderen Gefäßen desinfiziert werden. Die neuere Zeit hat uns nun gelehrt, daß diese Aufgabe erheblich größer und damit schwieriger ist, als man früher wohl annahm, insofern, als sowohl die Rekonvaleszenten von schweren Typhusfällen als auch die schon erwähnten ganz leicht Erkrankten oft viele Monate hindurch die gefährlichen Keime beherbergen und ausscheiden. Bei gutem Willen kann nun zwar ein einigermaßen intelligenter Mensch für die Vernichtung dieser ausgeschiedenen Bazillen hinreichend sorgen, die erste Voraussetzung hierfür ist aber die Erkenntnis seiner Krankheit resp. seiner Gefährlichkeit. Um diese bemühen sich besonders die Medizinalbeamten und Ärzte und an vielen hervorragend gefährdeten Stellen besondere zur Typhusbekämpfung begründete Institute.

Hin und wieder kommt es zu explosionsartig auftretenden Typhusepidemien hier oder da. In solchen Fällen hat sich in der Regel nachweisen lassen, daß irgendwo durch typhöse Ausscheidungen Verunreinigungen einer Trinkwasserquelle erfolgt waren, die dann direkt oder nicht selten auch auf einem Umwege zu einer sehr erheblichen Verbreitung der Krankheit beigetragen haben. Mehrfach hat sich gezeigt, daß die gemeinschaftliche Ansteckungsquelle für eine große Zahl von Typhusfällen in der Milch zu suchen war; die Typhusbazillen stammten dann wiederum aus infiziertem Wasser, das entweder zur Reinigung der Gefäße oder aber in betrügerischer Absicht zur Verdünnung der Milch verwendet worden war. Die Anstrengungen der Medizinalbehörden sind deshalb in neuerer Zeit auch besonders auf die Bekämpfung des Typhus in den Dörfern gerichtet, in denen bisher die Wasserversorgung vielfach noch nicht mit der gleichen Schärfe überwacht werden kann als in den Städten.

Einige Ähnlichkeit mit dem Unterleibstyphus haben manche Fälle von Vergiftungen durch Nahrungsmittel, die mit bestimmten, dem Typhusbazillus nahestehenden Bakterien infiziert waren. Es mag deshalb hier eine kurze Erörterung dieser und ähnlicher Erkrankungen und ihrer Entstehung angeschlossen werden.

Nach dem Genuß *verdorbener*, d. h. in Fäulnis übergegangener Nahrungsmittel treten oft sehr erhebliche Krankheitserscheinungen, in erster Linie heftige Verdauungsstörungen, auf. Die Ursache dieser Erkrankungen liegt in der Giftigkeit mancher der bei der Fäulnis entstehenden Abbau- oder Zersetzungsprodukte der organischen Substanzen, vor allem der Eiweißabbauprodukte. Da die Zersetzung auf der Lebenstätigkeit von Bakterien beruht, so kann man in gewissem Sinne auch diese Erkrankungen den Spaltpilzen auf die Rechnung setzen. Es ist aber einleuchtend, daß es sich dabei um etwas ganz anderes handelt als um eine Infektionskrankheit. – Man vermeidet diese Schädlichkeit in der Regel leicht dadurch, daß man sich vor dem Genuß aller verdorbenen Nahrungsmittel, die durch Aussehen, Geruch und Geschmack ja meist leicht erkennbar sind, hütet.

Man hat aber anderseits nach dem Genuß von Nahrungsmitteln, die im gewöhnlichen Sinne durchaus nicht verdorben waren, mehr oder weniger heftige Erkrankungen auftreten sehen, die zuweilen geradezu epidemieartig erschienen, indem sie gleichzeitig eine große Anzahl von Personen befielen, die von irgendeiner Speise genossen hatten. Dabei handelte es sich teils um Fleischkonserven, Wurst, teils auch um Gemüsekonserven, aber auch um andere Speisen verschiedener Art. In solchen Fällen ist es bereits mehrfach gelungen, die Ursache der Erkrankung in bestimmten Bakterienarten nachzuweisen, die sowohl in dem betreffenden Nahrungsmittel als auch in den Darmentleerungen der Erkrankten nachgewiesen werden konnten. Bei einzelnen solcher Erkrankungen gelang es, die gleichen Bakterien auch im Blute der Patienten zu finden. In diesen Fällen haben wir es also mit einem echten infektiösen Prozeß zu tun.

Es ist ganz ausgeschlossen, die verschiedenen Krankheitsformen und die dabei bisher gefundenen Krankheitserreger hier zu erörtern oder auch nur aufzuzählen. Glücklicherweise gehören derartige Erkrankungen und besonders derartige Epidemien zu den seltenen Vorkommnissen. Da sie aber unter Umständen große Ähnlichkeit einerseits mit der asiatischen Cholera, anderseits, wie erwähnt, mit dem Typhus aufweisen, so kann ihre richtige Erkennung besonders in Zeiten, wo die eine oder andere dieser beiden Krankheiten uns bedroht, von großer Wichtigkeit sein. So ist es vorgekommen, daß gerade während des Auftretens einzelner Cholerafälle in unsern östlichen Provinzen, zu einer Zeit also, in der man eine epidemische Verbreitung der Cholera zu befürchten hatte, »explosionsartig« eine große Anzahl von Erkrankungen an Brechdurchfall in einer Stadt der Provinz Brandenburg auftraten, die einige Beunruhigung verursachten, bis die bakteriologische Untersuchung ergab, daß es sich um Nahrungsmittelvergiftung durch eine bekannte Bakterienart, vor allem also *nicht* um Cholera handelte.

Kapitel VIII.

Beispiele von Infektionskrankheiten unseres Klimas, die durch Kugelbakterien hervorgerufen werden: 1. Die Wundinfektionskrankheiten im engeren Sinne und die »Eitererreger«: Staphylokokken als Krankheitserreger. – Streptokokken als Krankheitserreger. – 2. Gonokokken und gonorrhoische Erkrankungen. – 3. Meningokokken und epidemische Genickstarre. – 4. Die Pneumokokken und die Lungenentzündung.

1. Die Wundinfektionskrankheiten im engeren Sinne und die »Eitererreger«.

Man kann sich heute kaum eine Vorstellung davon machen, welche gewaltige Bedeutung für die Gesundheit unzähliger Menschen die Entdeckung einer kleinen Gruppe von Mikroorganismen hatte, die man zuweilen als »*Eitererreger*« im engeren Sinne bezeichnet. Bevor man diese kleinen tückischen Feinde kannte, und namentlich bevor man durch genaue Erforschung ihrer Eigenschaften und ihrer Verbreitung auch Mittel fand, sie zu bekämpfen, drangen Eitererreger fast regelmäßig in Wunden ein, die durch kleinste Verletzungen oder durch Schuß oder Hieb, außerordentlich oft aber auch in solche, die durch das Messer des Chirurgen entstanden waren. Es kam dann zur Wundeiterung, die die Heilung verzögerte, oft aber auch aus einer lokalen zu einer schweren Allgemeinerkrankung wurde und nicht selten zum Tode führte.

Als Einfallspforte diente den Keimen sehr häufig auch die große Wundfläche, die bei der *Geburt* regelmäßig entsteht, und das gefürchtete Wochenbettfieber ist nichts anderes als eine Infektion der Gebärmutterwunde mit Eitererregern. Es ist eines der traurigsten Erinnerungsbilder aus der Geschichte der ärztlichen Bestrebungen, das uns vor Augen tritt, wenn wir die für jene Zeit leider allgemeiner gültigen Schilderungen des bekannten ungarischen Arztes *Philipp Ignatius Semmelweiß* aus den öffentlichen Gebäranstalten Wiens um die Mitte des vorigen Jahrhunderts lesen. Die Sterblichkeit an Wochenbettfieber war dort eine ganz kolossale, sie betrug bis zu 40%, und jede Frau, die dies irgend konnte, vermied es, ihre schwere Stunde gerade in einer der Anstalten zuzubringen, in denen am besten für sie gesorgt sein sollte. Die Ursache der hohen Sterblichkeit waren eben die Wundinfektionen, deren Keime durch die Hände der Ärzte und Studierenden bei ihren Hilfeleistungen selbst von Fall zu Fall übertragen wurden. Die Einführung einer einfachen Händedesinfektion durch *Semmelweiß*, der im übrigen von den richtigen Vorstellungen über das Wesen der Krankheitserreger noch weit entfernt war, brachte alsbald eine ganz erhebliche Verringerung der Sterblichkeit mit sich.

Die ersten umfangreichen Beobachtungen über Mikrokokken im Wundeiter stammen von deutschen Ärzten, die während des Krieges 1870/71 reichliches Beobachtungsmaterial sammeln konnten. *Klebs*, *Rindfleisch*, *v. Recklinghausen* u. a. fanden in allen möglichen eiternden Wunden kleine Kugelbakterien, die entweder eine kettenförmige oder eine weintraubenförmige Anordnung zeigten. In der Folgezeit gelang es dann *Robert Koch*, den Beweis zu erbringen, daß es sich dabei um verschiedene Arten von Mikroorganismen handle; es gelang ihm weiterhin, Reinkulturen von ihnen zu gewinnen, und es zeigte sich, daß im wesentlichen die kettenförmigen oder Streptokokken eine Art bilden, während die traubenförmigen oder Staphylokokken eine andere Art darstellen. Die weitere Forschung ergab dann, daß sowohl die Streptokokken als auch die Staphylokokken die Ursache von Allgemeininfektionen werden können, daß beide Mikroorganismen Herzklappenerkrankungen verursachen können, und daß sie auch die Ursache von Krankheiten sind, die entweder nachweislich *nicht* oder wenigstens nicht *nachweislich* durch Wundinfektion zuerst entstehen.

Staphylokokken.

Staphylokokken finden sich auf den Schleimhäuten und auf der Hautoberfläche Gesunder in großer Zahl, doch sind unter ihnen verschiedene Unterarten zu unterscheiden, von denen nur einzelne krankheiterregende Eigenschaften besitzen. Nur diese letzteren interessieren uns hier; sie finden sich bei einer ganzen Reihe teils harmloser, teils ernsterer, teils auch schwerster menschlicher Krankheiten.

Zu den harmlosen, durch Staphylokokken verursachten Krankheiten gehört der sogenannte Furunkel, eine in Eiterung ausgehende Entzündung eines Haarbalgs, die meist unter geeigneter Behandlung, in leichtesten Fällen auch ohne solche, zur Heilung kommt, ohne dem Erkrankten Schlimmeres als kleine Unannehmlichkeiten bereitet zu haben. Ausgebreitete Furunkulose, die durch Infektion benachbarter Haarbälge entstehen kann, kann immerhin schon äußerst lästig werden. Wichtiger ist zu wissen, daß in seltenen Fällen von einem ursprünglich anscheinend harmlosen Furunkel ein Einbruch der pathogenen Keime in kleine Blutgefäße erfolgen und eine Allgemeininfektion hervorrufen kann, die der Laie gewöhnlich als Blutvergiftung bezeichnet. Bekanntlich ist dies ein das Leben in höchstem Maße bedrohender Zustand. Es sollte deshalb jeder wissen, daß Furunkel unter allen Umständen ärztlicher Behandlung bedürfen, ganz besonders bei älteren Leuten. Besonders große und gefährliche Furunkel, die sich vorwiegend gerade bei älteren Individuen, manchmal aber auch bei jüngeren, entwickeln, bezeichnet man oft als Karbunkel.

Die Staphylokokken können in seltenen Fällen die Ursache schwerer, ja tödlicher Wochenbettinfektionen werden, sehr häufig verursachen sie dann nach dem Eindringen in die Blutbahn Herzklappenerkrankungen. Gerade auf den ergriffenen Herzklappen finden sich in diesen Fällen dann ganz kolossale Mengen der gefährlichen Mikroben, und es kommt gewöhnlich von dort aus zu einer Einschwemmung der Kokken mit dem Blutstrom in die verschiedensten Organe; überall, wo sie hingelangen, werden sie die Ursache von Eiterungen und damit von mehr oder weniger schweren Störungen der Organfunktion.

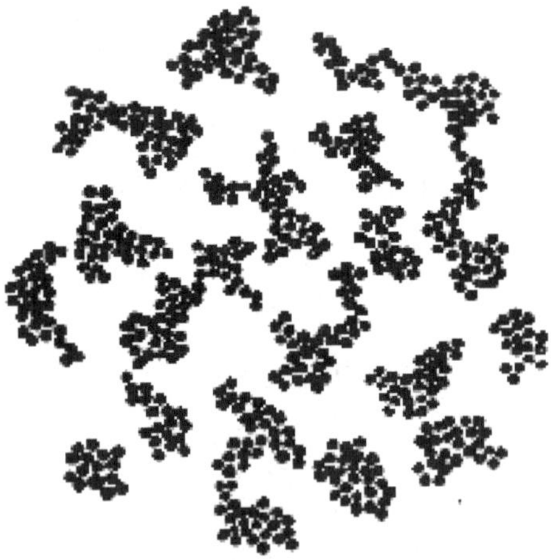

Abb. 26.
Staphylokokken; Ausstrichpräparat von einer Reinkultur auf Nähragar; weintraubenförmige Anordnung der Kokken.

Staphylokokken sind auch die Ursache einer sehr gefürchteten Krankheit des jugendlichen Alters, nämlich der akuten Osteomyelitis (Knochenmarkentzündung), die glücklicherweise nur selten auftritt und auch nicht immer den schlimmsten Ausgang nimmt.

Charakteristisch für den Staphylokokkus ist nicht sowohl seine Gestalt – es handelt sich um ein sehr kleines, unbewegliches Kugelbakterium – als vielmehr die Anordnung der Individuen, die sowohl im erkrankten Körper als auch in Kulturen zu kleinen und größeren Häufchen vereinigt sind, die oft in ganz ausgesprochener Weise weintraubenartige Verbände bilden. Die Kulturen sind durch Bildung von schönen Farbstoffen ausgezeichnet, die bei verschiedenen Unterarten verschieden sind; die wichtigsten Unterarten sind nach dieser Farbstoffbildung als »weiße« und »goldgelbe« Staphylokokken bezeichnet.

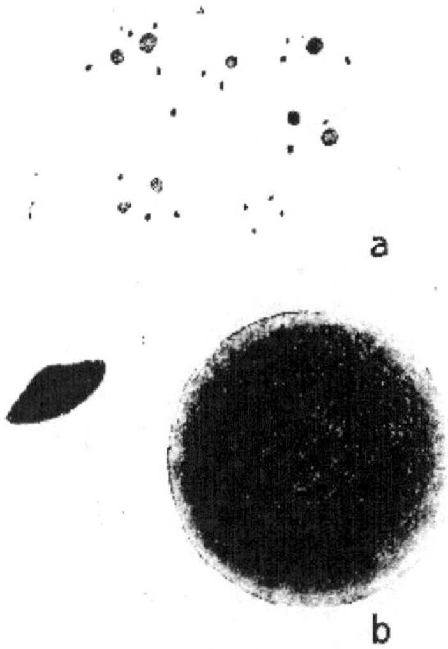

Abb. 27.
16 Stunden alte Kolonien von Staphylokokken auf der Nähragarplatte; a natürliche Größe, b etwa 15fach vergrößert. Oberflächliche Kolonien groß, kreisrund, tiefe Kolonien klein, wetzsteinförmig.

Ein Heilserum gegen Staphylokokkeninfektion besitzen wir noch nicht; in neuerer Zeit hat man sich – besonders in England – vielfach bemüht, gerade gegen diesen Mikroorganismus eine »spezifische Therapie« anzuwenden, die nach dem Prinzip der aktiven Immunisation in der Einverleibung kleinster Mengen abgetöteter Reinkulturen (von den englischen Ärzten als »Vaccines« bezeichnet) besteht.

Abb. 28.
Streptokokken; Ausstrichpräparat von einer Reinkultur in Nährboullion.

Gegen die Infektion mit Staphylokokken läßt sich ein allgemeines Schutzmittel nicht angeben. Es versteht sich von selbst, daß derjenige, der an einem Furunkel leidet, die Übertragung der mit dem eitrigen Sekret ausgeschiedenen Staphylokokken auf die Nachbarschaft durch größte Reinlichkeit, unter Umständen durch Schutzverbände vermeiden muß. Im übrigen bedarf jede nicht völlig harmlose Staphylokokkeninfektion der Behandlung durch den erfahrenen *Arzt*, der allein über die Größe der Gefahr und über die Mittel zu ihrer Bekämpfung urteilen kann. Von der größten Bedeutung für die Eindämmung der Staphylokokkenerkrankungen des Menschen ist die Tatsache, daß Operationswunden heutzutage, dank den Methoden der modernen Chirurgie, vor dem Eindringen der Keime geschützt bleiben.

Streptokokken.

Größere Schädlinge noch als die Staphylokokken sind die Streptokokken oder Kettenkokken, so genannt wegen ihrer großen Neigung, in künstlichen Kulturen und im Gewebe des Körpers sich zu kettenförmigen Verbänden anzuordnen (vgl. Abb. 28 u. 29).

In erster Linie ist der Streptokokkus ein Wundinfektionserreger, und zwar der schlimmsten einer, sei es, daß er in kleine Verletzungen der Haut, sei es, daß er in die Wunde der Gebärmutter, sei es, daß er in die Operationswunde, die der Chirurg gesetzt hat, eindringt.

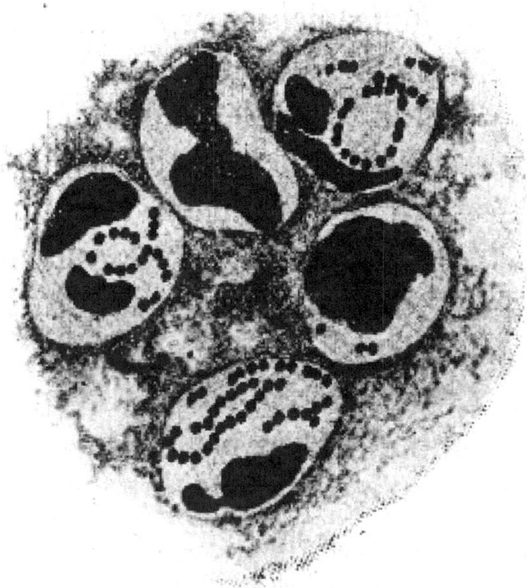

Abb. 29.
Streptokokken im Eiter; Kokkenketten im Körper von weißen Blutzellen eingeschlossen.

Sind Streptokokken in eine kleine oberflächliche Hautwunde gelangt, so tritt eine Entzündung der Wunde ein, die Keime wandern häufig mit dem Lymphestrom in den Lymphbahnen weiter und gelangen in die zugehörigen Lymphdrüsen (z. B. die Axeldrüsen bei Entzündungen an der Hand), die nun ebenfalls entzündet werden, anschwellen, druckempfindlich werden, in schweren Fällen auch vereitern können. Besonders ernst wird der Krankheitszustand, wenn die Kokken in die Blutbahn einbrechen, wozu gerade die Streptokokken große Neigung haben. Es entsteht dann das schwere Symptomenbild der »Blutvergiftung«, die mit hohem Fieber unter sehr verschiedenen Erscheinungen verläuft und nicht selten zum Tode führt.

Dies ist der glücklicherweise seltenste Ausgang der Streptokokkeninfektion einer kleinen Hautwunde. In den meisten Fällen bleibt es bei lokalen Entzündungsprozessen in der Nähe der Wunde oder wenigstens bei einer mehr oder weniger ausgedehnten Erkrankung der zugehörigen Lymphbahnen. Eine solche Entzündung von Lymphbahnen, und zwar speziell von ganz oberflächlich gelegenen Lymphbahnen, ist die sogenannte »Wundrose« (der »Rotlauf«, mit dem griechischen Namen als »Erysipel« bezeichnet), die zunächst nur die nächste Umgebung einer kleinen infizierten Wunde befällt: bei Erysipel findet man massenhafte Streptokokken in den entzündeten oberflächlichen Lymphgefäßen. In der

Mehrzahl der Fälle läuft unter geeigneter Behandlung die »Rose« gut ab; nur selten schreitet sie dieser zum Trotz immer weiter fort und kann dann freilich auch das Leben bedrohen.

Ein ganz anderes Bild entsteht, wenn die Streptokokkeninfektion die tieferen Weichteile befällt und zu einer sogenannten »Phlegmone« oder Zellgewebsentzündung führt. In diesen Fällen sind massenhafte Keime in die tiefen Lymphwege und Gewebe eingedrungen, es kommt zu ausgedehnter eiteriger Infiltration und meist auch zu ausgedehntem Gewebszerfall (»Abszedierung«). Betrifft die Zerstörung funktionell wichtige Gewebsteile – z. B. wichtige Muskeln – so kann hier auch nach der Abheilung des akuten Prozesses unter Bildung einer Narbe eine dauernde Schädigung zurückbleiben.

Die besonders gefährlichen und besonders traurigen Streptokokkeninfektionen der *Gebärmutter* führen teils auf dem Lymphwege zu einer Ansteckung des Bauchfelles (Peritonitis), die unter allen Umständen sehr ernst anzusehen ist, oder – in anderen Fällen – zu Einbrüchen in die Blutbahn, damit zu »Blutvergiftung« (Sepsis).

Im Verlaufe von Blutvergiftung durch Streptokokken werden nun mit Vorliebe die Herzklappen ergriffen, auf denen es zu ganz enormen Wucherungen der kleinen Keime kommen kann. Dadurch entsteht dann wieder weiterhin die sehr drohende Gefahr, daß kleine Partikel der Klappenauflagerungen, Partikel, die aber wiederum schon Hunderte, ja Tausende der Mikroben enthalten können, mit dem Blutstrom in die verschiedenen lebenswichtigen Organe verschleppt werden und dort – zunächst in den kleinsten Blutgefäßen, den sog. Haargefäßchen (Capillaren) stecken bleiben. Überall, wo sie sich ansiedeln, rufen die Streptokokken nun aber wieder Entzündung und Eiterung, Einschmelzung des Gewebes und damit auch – je nach der Art des Organs, seinem Bau, seinen Funktionen – schwere Störungen hervor.

Selbst derartige ungemein schwere Krankheitsprozesse können aber ausheilen, freilich nur in der Weise, daß überall da, wo Einschmelzung des Gewebes stattgehabt hat, ein Ersatz des Verlorenen durch Narbengewebe statthat.

Die Herzklappenerkrankung selbst kann häufig zu dauernden Störungen der Funktion dieser für die Blutzirkulation so sehr wichtigen Gebilde – zur Ausbildung eines Herzfehlers – führen.

Aber auch damit ist die gefährliche Rolle der Streptokokken noch lange nicht erschöpft. Vor allem muß noch erwähnt werden, daß im Verlauf der Infektion mit diesen Mikroorganismen auch nicht selten Erkrankungen der Nieren auftreten, die auf lösliche Gifte des Streptokokkus zurückzuführen sind, und die nicht selten zu schwerem Siechtum und schließlich zum Tode führen.

Noch rätselhaft in vieler Beziehung sind weiter Streptokokken-Erkrankungen, die nicht wie die bisher erörterten auf Wundinfektion zurückzuführen sind. So z. B. Halsentzündungen (Anginen), die durch die kleinen Keime – oft allem Anschein nach im Anschluß an »Erkältungen« – hervorgerufen werden, die weiterhin teils zu phlegmonösen Prozessen, teils (selten) zu Blutvergiftung führen können, die aber auch Nierenentzündungen der erwähnten Art im Gefolge haben können.

Endlich ist zu erwähnen, daß Streptokokken sich nicht selten in Krankheitsherden anderer Herkunft nachträglich (»sekundär«) ansiedeln können, so z. B. bei Lungentuberkulose, wo sie häufig eine sehr verderbliche Rolle spielen.

Mit dem hier Angeführten sollte keineswegs der Versuch gemacht sein, die Rolle der Streptokokken als Feinde des Menschen zu erschöpfen; es sollte nur ungefähr ein Bild von der Vielseitigkeit ihrer pathogenen Fähigkeiten gegeben werden. Diese außerordentlich große Buntheit der Krankheitsbilder hat auf die ätiologische Erforschung der Streptokokkenerkrankungen Einfluß gehabt: bei all den verschiedenen Krankheiten fand man durchaus ähnliche, durch die Bildung von Ketten und gewisse färberische Eigentümlichkeiten abgezeichnete Mikrokokken. Man konnte sich lange Zeit auch in den Kreisen der wissenschaftlich forschenden Ärzte nicht mit dem Gedanken vertraut machen, daß diese alle der gleichen *Art* von Bakterien angehören könnten. Nach den Erfahrungen bei anderen Infektionskrankheiten (Cholera, Typhus, Diphtherie z. B.) erwartete man, für jedes wohl charakterisierte Krankheitsbild auch einen spezifischen Erreger annehmen zu müssen. Und so sind denn zahlreiche Anstrengungen gemacht worden, Artunterschiede zwischen dem Erreger der Wundrose und dem von eiterigen Prozessen, von Herzklappenerkrankungen usw. aufzudecken. Im wesentlichen haben alle diese Versuche zu negativen Ergebnissen geführt, und mit einer Einschränkung, die hier nicht näher erörtert werden kann, müssen wir heute die *Arteinheit* aller Streptokokken, die dem Menschen gefährlich werden – wenigstem vorläufig, d. h. bis zum Beweis des Gegenteils – annehmen. Warum die Infektion einer Wunde einmal zur Wundrose, ein anderes Mal zur Phlegmone führt, warum sie einmal in kurzer Zeit zur Blutvergiftung überführt, ein andermal nach kurzer harmloser Erkrankung abheilt, das sind vorläufig ungelöste Rätsel. Wir müssen uns damit begnügen, die Verschiedenheit des Verlaufes einer Streptokokkeninfektion auf die Unterschiede der Bedingungen, die der Keim in verschiedenen Organismen vorfindet, und auf die Verschiedenheit der Reaktion letzterer auf den Eindringling zurückzuführen. Das wird uns weniger dunkel und wertlos erscheinen, wenn wir an dieser Stelle einmal wieder auf den schon mehrfach eingeführten Vergleich der beiden kriegführenden Heere zurückgreifen. Nicht nur der letzte Ausgang, sondern jede Phase des Verlaufes des Kampfes wird hier abhängig sein von zahlreichen Faktoren, von der Einfallspforte, die der Angreifer vorfindet, von ihrer Verteidigung durch den Angegriffenen, von den Kämpfen, die sich weiter im Innern des Invasionsgebietes abspielen, den Festungen, die der Angegriffene zu seinem Schutze besitzt, ihrer Besatzung und Ausrüstung usf.

Wichtiger als eine in letzter Linie fruchtlose Verfolgung dieser vorläufig wohl in exakter Weise nicht lösbaren Probleme ist für uns die Frage, was die ärztliche Wissenschaft gegenüber diesen Feinden des Menschengeschlechtes vermag.

Da muß zunächst zugegeben werden, daß ein durchaus zuverlässig wirksames Heilserum für Streptokokkeninfektionen trotz aller darauf verwandten Mühe noch nicht existiert. Doch werden andererseits Sera hergestellt, die in der Hand des erfahrenen Arztes und namentlich bei frühzeitiger Anwendung schon ermutigende Erfolge geben. – Auch die aktive Immunisierung durch Injektion kleiner Dosen abgetöteter Reinkulturen zu Schutz- und Heilzwecken hat man mit Erfolg versucht.

Wichtiger ist, daß die moderne Chirurgie große Fortschritte in der *Behandlung* der Wundinfektion durch Stauungs- und Saugbehandlung und andere Methoden gemacht hat, und daß der Arzt heute diesen Krankheitsprozessen viel besser gerüstet gegenübersteht als noch vor einem Jahrzehnt, geschweige denn vor 30 Jahren.

Jede Wundinfektion aber bedarf der sachverständigen ärztlichen Behandlung, die freilich desto mehr Aussicht auf Erfolg hat, je eher sie einsetzt.

Besser noch, als der best behandelte Kranke trifft es derjenige, der die Infektion selbst vermeidet. Dazu kann in erster Linie wieder sachgemäße Behandlung jeder der Infektion ausgesetzten Wunde dienen. Keine Wunde aber ist in so hohem Grade der Infektionsgefahr preisgegeben, als die vergleichsweise gewaltig große Wundfläche, die durch die Geburt entsteht, und so ist denn auch die unendliche Mühe vollauf gerechtfertigt, die die Ärzte sich um den Schutz gerade dieser Wunde seit Jahrzehnten gegeben haben. Der Lohn aller dieser Mühe liegt in dem unbestreitbaren Erfolge, in der vergleichsweise großen Seltenheit schwerer Wochenbettfieber nach sorgfältig geleiteter Geburt.

Von analoger, vielleicht noch größerer Bedeutung für die Menschheit ist die *Vermeidung* der Streptokokkeninfektionen durch die moderne Chirurgie. Denn der gefährlichste Feind des Chirurgen ist eben der heimtückische

Wundinfektionskeim, der Streptokokkus, der heute – dank den Methoden moderner Chirurgie – unendlich viel schwerer und seltener einmal in eine Wunde eindringt, die zu Zwecken der Heilung gesetzt ward, als früher.

2. Gonokokken und Gonorrhoe.

Eine in ihrer traurigen Bedeutung für die Menschheit früher bei weitem unterschätzte Infektionskrankheit stellt die in der wissenschaftlichen Medizin als Gonorrhoe bezeichnete Krankheit dar, die ganz wesentlich die Harnwege und die Schleimhäute der Generationsorgane befällt und deshalb auch zu den »venerischen« Krankheiten gerechnet wird. Es handelt sich in den Anfangsstadien um akut einsetzende eitrige Entzündungen dieser Schleimhäute, die aber namentlich bei unzureichender Behandlung in chronische Prozesse von außerordentlicher Langwierigkeit übergehen können. Die chronische Gonorrhoe des Mannes ist die Quelle unendlich vielen menschlichen Elends, vor allem als Ursache der Kinderlosigkeit (Sterilität) vieler Ehen: die gonorrhoische Erkrankung kann einerseits unmittelbar völlige Zeugungsunfähigkeit des Mannes und somit Sterilität der Ehe zur Folge haben, andererseits, wenn eine Eheschließung erfolgt, bevor der Mann völlig geheilt ist, langdauerndes Siechtum und entweder völlige Sterilität der Frau oder deren Sterilität nach dem ersten Wochenbett verursachen. Ganz besonders traurig war endlich noch, besonders in früherer Zeit, die außerordentlich häufige Übertragung des Krankheitsprozesses auf die Augenbindehaut schon während der Geburt des Kindes einer gonorrhoisch infizierten Frau. Schwere eitrige Augenentzündungen, die häufig zum Verluste des Augenlichtes führten, waren die häufige Folge dieser Übertragungsweise, der man erst seit wenigen Jahrzehnten systematisch dadurch vorbeugt, daß man ein Tröpfchen einer antiseptischen Silbersalzlösung in den Augenbindehautsack des Neugeborenen einträufelt. Die gonorrhoische Augenentzündung in den ersten Lebenstagen ist seit der Einführung dieser Maßnahmen durch *Credé* so gut wie ausgetilgt, und unendlich viel Elend ist dadurch der Menschheit erspart worden. Immerhin kommt auch heute noch, wenn auch viel seltener, gonorrhoische Infektion der Augenbindehaut zustande, gelegentlich auch durch unreinliches Verhalten bei gonorrhoisch erkrankten erwachsenen Individuen. Wenn man nun ferner noch erfährt, daß, freilich in seltenen Fällen, die gonorrhoische Infektion auch mit Gelenkrheumatismus und Herzklappenerkrankung einhergehen und so das Leben unmittelbar bedrohen kann, so wird man nicht mehr an dem großen Ernst der Krankheit zweifeln können.

Als Erreger der gonorrhoischen Krankheitsprozesse wurde im Jahre 1879 von *Neißer* ein durch seine eigentümliche Semmelform und durch seine Lagerung in bestimmten Körperzellen wohl charakterisierter Mikrokokkus entdeckt (vgl. Abb. 30), dessen Reinkultur, die anfänglich auf Schwierigkeiten stieß, wenige Jahre später *Bumm* gelang. Der Gonokokkus gehört zu den sehr anspruchsvollen Mikroorganismen: er geht durch Abkühlung und durch Eintrocknung außerhalb des Körpers außerordentlich rasch zugrunde und wird daher ausschließlich durch Übertragung von Mensch zu Mensch oder doch auf allerkürzesten Umwegen gefährlich.

Der Kampf gegen die Gonorrhoe hat daher in erster Linie die Vermeidung der Weiterverbreitung durch direkte Ansteckung ins Auge zu fassen und zu diesem Zweck vor allem in gründlicher und sachgemäßer Behandlung jedes erkrankten Individuums bis zu seiner völligen Heilung zu bestehen. Wichtig ist auch, daß jeder Kranke über die außerordentlich große Gefahr, die eine gonorrhoische Augenentzündung mit sich bringt, unterrichtet und deshalb zu besonderer Reinlichkeit ermahnt wird.

Die Behandlung des Erkrankten ist ausschließlich Sache des Arztes, dem heute eine ganze Anzahl von wirksamen Arzneimitteln für diesen speziellen Zweck zur Verfügung stehen, durch deren sachgemäße Anwendung in Verbindung mit einer geeigneten Diät die meisten Krankheitsfälle geheilt werden können.

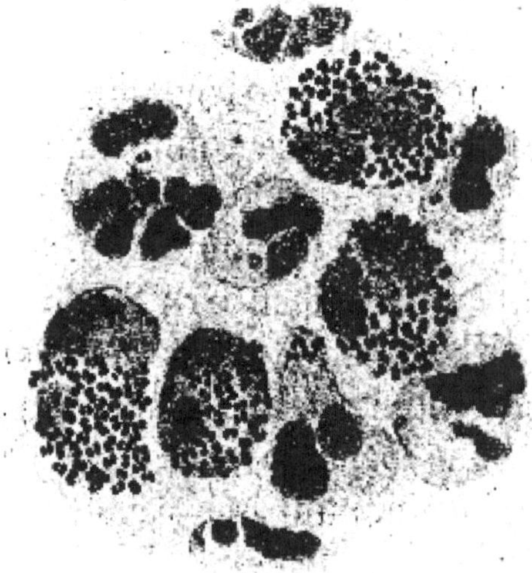

Abb. 30.
Gonokokken im Eiter bei akuter Gonorrhoe. Semmelförmige Doppelkokken im Körper von Eiterzellen (weißen Blutzellen).

Unbedingte Pflicht eines jeden, der einmal gonorrhoisch infiziert war, ist, daß er eine Ehe unter allen Umständen erst dann eingeht, wenn ärztlicherseits seine Heilung festgestellt und ihm daraufhin die Erlaubnis zum Heiraten gegeben worden ist.

3. Meningokokken und epidemische Genickstarre.

»Genickstarre« ist der volkstümliche Ausdruck für ein Krankheitsbild, dem eine entzündliche Erkrankung der Hirnhäute zugrunde liegt. Das namentlich für den Laien auffälligste Symptom einer solchen Erkrankung ist die Nackensteifigkeit, die sich schon gleich bei Beginn der Erkrankung zeigt und später bis zur Starre zu steigern pflegt. Hirnhautentzündungen können nun auf sehr verschiedene Weise zustande kommen und auch durch verschiedene bakterielle Krankheitserreger bedingt sein. Zum Beispiel kommt es nicht selten im Anschluß an Mittelohreiterungen zu einem Übergreifen der eitrigen Entzündung auf das Schädelinnere und die Hirnhäute, andererseits können eitrige Prozesse, die im Gehirn entstanden sind, auf die Hirnhäute übergreifen, endlich können bei penetrierenden Schädelwunden die Hirnhäute infiziert werden. Bei allen diesen entzündlichen Prozessen können die verschiedensten Bakterien als Entzündungs- und Eitererreger wirksam sein; in erster Linie kommen die Wundinfektionserreger, die Streptokokken und Staphylokokken in Betracht (s. u.).

Im engeren Sinne pflegt man als Genickstarre oder epidemische Genickstarre nur Krankheitsfälle zu bezeichnen, die durch einen besonderen, wohl charakterisierten Krankheitserreger verursacht werden, den sogenannten Meningokokkus, der zu den Hirnhäuten vom Nasenrachenraum aus auf dem Wege der Lymphbahn vordringt. Der Meningokokkus, der von *Weichselbaum* entdeckt wurde, ist ein dem Gonokokkus (s. o.) ziemlich ähnlicher Diplokokkus, der sich in dem eitrigen Exsudat in den Maschen der Hirnhäute, meist vorwiegend im Innern von Leukocyten vorfindet, von denen er aufgenommen wird (s. über Phagocytose oben im Kap. II).

Die Genickstarre tritt besonders oft epidemieartig, ja ausgesprochen epidemisch auf und befällt besonders jugendliche Individuen, Schulkinder, Soldaten. Die verschiedenen Epidemien sind in verschiedenem Grade bösartig und mit Recht sehr gefürchtet.

Die Übertragung der Keime vom Kranken auf den Gesunden erfolgt nach dem heutigen Stande unserer Kenntnisse wohl wesentlich durch den meningokokkenhaltigen Speichel. Zu ihrer Vermeidung sind also alle die Maßnahmen notwendig, die eine Verbreitung des ansteckenden Speichels hintanhalten, vor allem möglichste Isolierung aller Erkrankten und Desinfektion ihres Auswurfs und ihrer Wäsche.

In den letzten Jahren hat man günstige Erfolge bei der Behandlung der Genickstarre mit einem Heilserum (Meningokokkenserum) erzielt.

4. Pneumokokken und die Lungenentzündung.

Lungenentzündungen können sich im Verlaufe der verschiedensten Infektionen beim Menschen entwickeln. Wir erinnern uns beispielsweise der Lungenentzündung im Verlaufe der Pesterkrankung oder derjenigen bei Influenza. Die Erkrankungen sind nach Ausdehnung und nach Verlauf recht verschieden, und es ist hier ganz unmöglich, sie im einzelnen näher zu besprechen. *Im engeren Sinne* versteht man unter einer Lungenentzündung oder »*Pneumonie*« aber in unserem Klima speziell eine durch ganz bestimmte Krankheitserscheinungen und einen sehr charakteristischen Verlauf ausgezeichnete akute Infektionskrankheit.

Die Krankheit beginnt meist ganz plötzlich, ohne daß irgendwelche leichteren Krankheitserscheinungen vorangegangen wären, mit einem Schüttelfrost, an den sich ein hohes Ansteigen der Temperatur anschließt, während gleichzeitig auch den kräftigsten Erkrankten das Gefühl schweren Krankseins erfaßt. Bald stellen sich dann sehr starke Schmerzen beim Atmen, gewöhnlich vorwiegend auf einer Seite der Brust ein, allmählich kommt etwas Hustenreiz hinzu, der zunächst spärliche, später reichlichere Auswurf ist rötlichbräunlich infolge von Blutbeimengungen. Mehrere Tage halten die schweren Krankheitserscheinungen an, das Fieber ist hoch, oft tritt auch Benommenheit hinzu. Das ganze Bild ist ein sehr ernstes. Gewöhnlich am 7. Tage kommt es dann zur »Krisis«. In der überwiegenden Mehrzahl der Fälle tritt ein rascher Abfall der Temperatur zur Norm ein, und gleichzeitig beginnt das Allgemeinbefinden sich wesentlich zu heben: die Gefahr ist überwunden. In nicht ganz seltenen Fällen bleibt aber dieser günstige Umschlag aus, und namentlich durch Alter oder durch Alkoholismus oder Herzkrankheiten geschwächte Individuen, zuweilen aber auch kräftige junge Menschen können der Krankheit zum Opfer fallen.

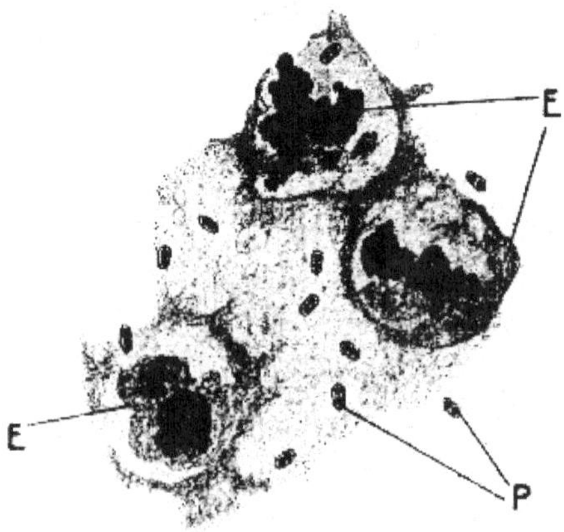

Abb. 31.
Abstrich vom Auswurf bei Lungenentzündung. E = Eiterzellen, P = Pneumokokken (mit deutlichen »Kapseln«).

Als Ursache dieser häufigen und unter allen Umständen ernsten Erkrankung wurde von *A. Fränkel* im Jahre 1886 ein Mikrokokkus entdeckt, der gewöhnlich als Pneumokokkus oder Diplokokkus pneumoniae bezeichnet wird. In Abstrichen vom Auswurf eines Pneumonikers findet man reichliche, in der Regel zu zweien angeordnete Kugelbakterien, die meist eine sehr deutliche Kapsel besitzen und gewöhnlich ein wenig längsoval gestaltet sind (vgl. Abb. 31). In Kulturen auf den gewöhnlichen Nährböden besitzen sie diese Kapsel nicht.

Diese Pneumokokken finden sich nicht selten auch bei *anderen* infektiösen Krankheitsprozessen beim Menschen, verhältnismäßig häufig z. B. bei gewissen entzündlichen *Ohren*erkrankungen, vor allem aber auch bei sehr verschiedenen leichteren und schwereren Erkrankungen der Atmungsorgane; eine Pneumokokkenerkrankung stellen auch gewisse geschwürige Prozesse der Hornhaut des menschlichen Auges dar. Sie finden sich endlich aber auch, wenn auch in spärlicher Zahl, nahezu regelmäßig im Speichel gesunder Menschen. Da die Pneumokokken für manche Versuchstiere, besonders für Mäuse, außerordentlich große Virulenz besitzen, so kann man häufig eine Maus dadurch tödlich infizieren, daß man ihr eine ganz kleine Menge menschlichen Mundspeichels unter die Haut bringt. Enthält das Speicheltröpfchen Pneumokokken, was annähernd in 70 % aller Fälle zutreffen soll, so entwickelt sich alsbald eine meist sehr rasch zum Tode führende Pneumokokkensepsis d. h. eine Überschwemmung der ganzen Blutbahn mit den Mikroorganismen.

Versuche, ein Heilserum gegen Pneumokokkeninfektionen des Menschen, ganz besonders auch gegen Augenerkrankungen herzustellen, sind in großem Umfange und mit vielversprechenden anfänglichen Erfolgen unternommen worden. Die Wirksamkeit der betreffenden Sera ist aber noch nicht völlig unbestritten, soweit wenigstens ihr Heilerfolg beim Menschen in Frage kommt. Dagegen ist unzweifelhaft sichergestellt, daß das gebräuchlichste der in Frage kommenden Heilsera bei empfänglichen Tieren, insbesondere bei Mäusen, eine ausgesprochene schützende und heilende Wirkung besitzt. Es steht zu hoffen, daß auch beim Menschen, insbesondere bei der croupösen Pneumonie in Zukunft noch günstigere Ergebnisse mit einer Serumtherapie erreicht werden.

Kapitel IX.

Die wichtigsten chronischen Infektionskrankheiten des Menschen: Tuberkulose. – Syphilis. – Lepra.

Tuberkulose.12

Die Tuberkulose ist insofern die verbreitetste Krankheit, die auf der Erde vorkommt, als sie abgesehen vom Menschengeschlecht auch nahezu sämtliche Säugetiere und Vögel und eine große Anzahl von Kaltblütern befallen kann. Die häufigste Form der tuberkulösen Erkrankung des Menschen ist die gewöhnlich als Lungenschwindsucht bezeichnete Krankheit, doch kommen tuberkulöse Erkrankungen der verschiedensten Organe, man kann geradezu sagen, aller Organe, daneben vor, die dann je nach dem Krankheitsherde, je nach dem Organ, dessen Funktionen durch die tuberkulösen Zerstörungen teilweise oder ganz aufgehoben werden, zu sehr mannigfaltigen Krankheitsbildern führen.

Die Verschiedenheit der Krankheitsbilder und auch der ihnen zugrunde liegenden (anatomischen) Veränderungen ist so außerordentlich groß, daß tatsächlich nur die Entdeckung der gemeinschaftlichen bakteriellen Ursache aller dieser Prozesse durch *Koch* die wissenschaftliche Welt von ihrer Zusammengehörigkeit überzeugen konnte. Die Anschauung, daß die Tuberkulose überhaupt und die Lungenschwindsucht im besonderen ein ansteckendes Leiden sei, eine Anschauung, die heute den weitesten, selbst ungebildeten Kreisen geläufig ist, war in der Medizin vor der *Koch*schen Entdeckung durchaus strittig, ja, die Mehrzahl der ärztlichen Autoritäten bekämpfte sie, obwohl schon seit Jahrhunderten klar blickende Ärzte zu mehr oder weniger bestimmten, richtigen Vorstellungen von einer belebten Ursache der Phthise gekommen waren.

Vor allem eine Erfahrungstatsache war es, die mit der Annahme einer belebten Krankheitsursache der Lungenschwindsucht vielen unvereinbar schien: die scheinbar unbestreitbare Erblichkeit der Krankheit, die in manchen Familien von einer Generation zur anderen übergehend immer wieder verderbenbringend sich zeigte. Warum sollte ein Krankheitskeim, der *von außen* in den Körper des Menschen eindringt, gerade die Mitglieder bestimmter Familien bevorzugen? Viel wahrscheinlicher erschien dem gegenüber die Annahme einer freilich völlig unbekannten *inneren* Ursache des Leidens, die vererbbar war in der Weise, wie Charaktereigenschaften es sind.

Auch der gewaltige Aufschwung, den von der Mitte des 19. Jahrhunderts an die wissenschaftliche Medizin vorwiegend durch *Virchows* bahnbrechende Leistungen auf dem Gebiete der mikroskopischen Erforschung der krankhaften Veränderungen der Zellen und Gewebe des menschlichen Körpers nahm, brachte zwar wichtige Erweiterungen unserer Kenntnisse von der Entstehung, dem Bau und den Schicksalen tuberkulöser Organveränderungen, aber die wichtigste Frage, die nach der Ursache der Prozesse, ließ er unbeantwortet.

Dieser Frage suchte auf ganz anderem Wege zu gleicher Zeit (in den 60er Jahren des 19. Jahrhunderts) der französische Forscher *Villemin* durch Tierexperimente auf den Grund zu kommen. Schon vor seinen Arbeiten waren mehrfach Versuche unternommen worden, durch Impfung von Tieren mit tuberkulösen Krankheitsprodukten künstlich Tuberkulose hervorzurufen; aber erst *Villemins* Bericht über positive Ergebnisse, die er bei zahlreichen derartigen Experimenten erzielt hatte, machte erheblichen Eindruck auf die wissenschaftliche Welt. Freilich ward zunächst von sehr angesehenen Forschern, die die Versuche *Villemins* wiederholten und modifizierten, ihre Beweiskraft bestritten, aber bald überzeugte man sich mehr und mehr von ihrer Richtigkeit, und die Tatsache, daß die Tuberkulose mit den tuberkulösen Krankheitsprodukten auf Versuchstiere übertragbar ist, fand bald allgemeine Anerkennung.

Damit war denn auch ein Zweifel an der Existenz eines tuberkulösen *Virus* nicht mehr möglich, und die besten Mikroskopiker bemühten sich um seine Entdeckung. Ungewöhnlich große Schwierigkeiten stellten sich gerade dieser Entdeckung in den Weg, und es bedurfte des genialen Scharfblickes und der zähen Energie *Robert Kochs*, um sie zu überwinden.

Im Jahre 1882? berichtete *Robert Koch* in einer als klassisch berühmten Arbeit über die von ihm aufgeklärte Ursache der tuberkulösen Prozesse, die er in dem »Tuberkelbazillus« gefunden hatte. Es war ihm gelungen, diesen durch sein besonderes Verhalten gegenüber Färbemitteln ausgezeichneten Mikroorganismus in allen Fällen von menschlicher und tierischer Tuberkulose, die darauf untersucht wurden, in den Krankheitsherden nachzuweisen und festzustellen, daß er dort ausschließlich, niemals aber in den Organen gesunder oder anderweitig erkrankter Individuen vorkommt. Es war ihm weiterhin gelungen, Reinkulturen des Tuberkelbazillus mit Hilfe besonderer Kulturverfahren, die eigens für diesen Zweck von ihm gefunden worden waren, zu gewinnen und mit kleinsten Mengen von solchen Reinkulturen die Krankheit wieder bei Tieren hervorzurufen. Damit war die Beweiskette geschlossen, der seit Jahrzehnten tobende wissenschaftliche Streit war endgültig entschieden, die Tuberkulose war als Infektionskrankheit erkannt, ihr Erreger entdeckt.

Der Tuberkelbazillus ist ein sehr schlankes, zuweilen ein wenig gekrümmtes Stäbchen, das der Geißeln und damit der Eigenbeweglichkeit ebenso wie der Fähigkeit Sporen zu bilden entbehrt, und das zu seiner Entwickelung in Kulturen der Körpertemperatur, des Sauerstoffs und bestimmter Nährböden bedarf. An die Zusammensetzung der Nährböden stellt der Bazillus ganz besondere Anforderungen; aber auch wenn diese erfüllt sind, entwickeln sich seine Kulturen ganz erheblich langsamer als die der bekannten anderen pathogenen Bakterien; sie bedürfen wochenlangen Wachstums zu ihrer vollen Entwickelung.

Außerordentlich große Hoffnungen knüpften sich an die Entdeckung des Tuberkelbazillus, sie wurden auf das höchste gesteigert, als Koch wenige Jahre später in dem *Tuberkulin* den Ärzten ein Mittel in die Hand gab, das zur Behandlung der menschlichen Tuberkulose geeignet sein sollte. Es ist allgemein bekannt, wie auf den ersten gewaltigen Enthusiasmus, mit dem das neue Mittel begrüßt wurde, die Enttäuschung folgte, als es die übertriebenen Hoffnungen, die man darauf setzte, nicht erfüllen konnte.

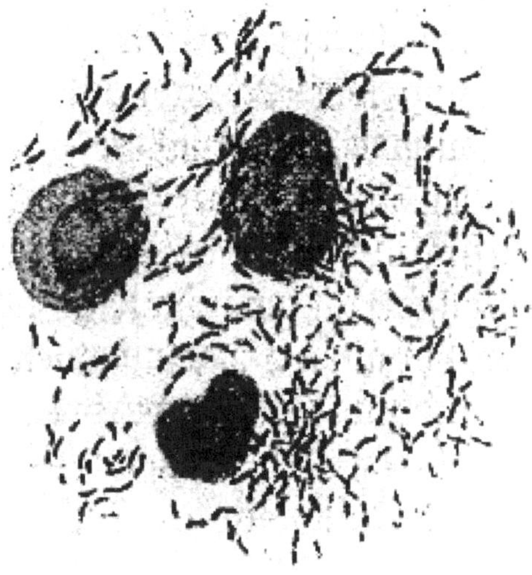

Abb. 32.
Tuberkelbazillen im Ausstrichpräparat vom Inhalt einer tuberkulösen Zerfallshöhle der Lunge (bei Phthisis).

Es kann hier nicht erörtert werden, wie weit wir zu der Hoffnung berechtigt sind, daß das Tuberkulin bei der Behandlung des einzelnen Krankheitsfalles oder einzelner Kranker segensreich wirksam sein kann, es mag aber wenigstens erwähnt werden, daß einzelne Ärzte auf Grund besonders vorsichtiger Dosierung des Mittels günstige Resultate damit erzielt haben, und daß insbesondere in England und Amerika, in den letzten Jahren die Tuberkulinbehandlung in einer besonderen Form (»opsonic treatment«)

große Fortschritte gemacht hat und nach zahlreichen vorliegenden Angaben günstige Erfolge erzielt hat.

Nach der Entdeckung des Diphtherieheilserums hat es begreiflicherweise nicht an zahlreichen Versuchen und Anstrengungen gefehlt, ein *Heilserum* gegen die Tuberkulose, unsere schlimmste Volksseuche, herzustellen. Aber wenn auch hie und da über günstige Erfolge mit solchen Seris berichtet wurde, so ist heute noch keines gewonnen, das vor der wissenschaftlichen Medizin volle Anerkennung gefunden hätte. Wir müssen auch heute noch uns mit der Hoffnung begnügen, daß es einmal gelingen wird, ein solches Radikalmittel herzustellen; vorläufig ist der Arzt im Wesentlichen dem tuberkulös Kranken gegenüber – von der Tuberkulin-Therapie abgesehen – auf *nicht* spezifische Behandlungsmethoden angewiesen, und die tröstliche Erfahrung ist ja allgemein verbreitet, daß viele tuberkulöse Erkrankungsfälle auch mit Hilfe dieser Behandlungsmethoden, die hier selbstverständlich nicht erörtert werden können, zur Ausheilung gelangen. An dieser Stelle sei denn auch auf die Bedeutung der Heil- und Heimstätten für die *Behandlung* tuberkulös Erkrankter nur kurz verwiesen.

Eine große Rolle kommt den Heilstätten unter den Maßnahmen zur *Eindämmung* der Tuberkulose als Volkskrankheit zu. Jeder, der dieses kleine Buch bis hierher aufmerksam gelesen hat, wird sich von vornherein klar sein: Ein unbedingtes Erfordernis ist die Vermeidung der Verbreitung der Krankheitskeime durch die Ausscheidungen Tuberkulöser, vor allem also die Vernichtung der Tuberkelbazillen im Auswurf Schwindsüchtiger. (*Flügge.*) Nirgends kann hierfür in so gründlicher Weise gesorgt werden, als in den Heilstätten, Krankenanstalten, in denen Tuberkulöse *isoliert* sind. Dort vor allen Dingen werden die Kranken auch wirklich zu geeigneter Behandlung des Auswurfs erzogen. Sie tragen dann später – neben öffentlichen Belehrungen – zur Verbreitung der Kenntnisse von der Gefährlichkeit des Auswurfs und von den Mitteln zu seiner Vernichtung bei.

Es ist einleuchtend, daß, wenn die wichtigste Infektionsquelle für die Entstehung der Schwindsucht in der *Einatmung* von Tuberkelbazillen besteht, die Vernichtung der Bazillen im Auswurf und damit die Verhütung der Möglichkeit der Bazilleneinatmung die Schwindsuchtverbreitung aufhalten müßte. Es darf hier aber nicht übergangen werden, daß trotz einer ganz außerordentlich großen Zahl von Einzelbeobachtungen und trotz gewaltiger Arbeit, die mit allen Methoden der modernen wissenschaftlichen Forschung geleistet worden ist, die Anschauungen über die *Entstehung* der Lungenschwindsucht noch keineswegs endgültig aufgeklärt sind. Eine große Anzahl von Forschern, unter denen z. B. *v. Behring* genannt werden muß, nehmen an, daß die erste Ansiedelung der Tuberkelbazillen im menschlichen Körper nicht durch deren Einatmung und somit unmittelbar in den oberen Luftwegen oder in den Lungen erfolgt, sondern auf anderem Wege. *v. Behring* insbesondere vertritt die Meinung, daß die häufigste Quelle der Infektion in dem Genuß von tuberkelbazillenhaltiger *Milch* im frühesten Kindesalter zu suchen ist. Die Bazillen müßten danach zuerst in den Darm und von dort aus erst auf Umwegen in die Lungen gelangen.

Die Möglichkeit, daß lebende Tuberkelbazillen mit der *Kuhmilch* aufgenommen werden, ist erwiesen: die Tuberkulose ist bei unserem Rindvieh sehr verbreitet. Die Milch und die Molkereiprodukte, insbesondere die Butter, die zum Verkauf gelangen, enthalten gelegentlich, ja, man kann auf Grund sorgfältiger statistischer Erhebungen sagen, geradezu *häufig* echte Tuberkelbazillen, gegen deren Eindringen in den Darmkanal wir uns nur schützen können, wenn wir regelmäßig eine gründliche Sterilisation durch längeres Kochen herbeiführen.

Ist diese Infektionsgefahr nun wirklich von Bedeutung? Vor allem ist sie von ausschlaggebender Bedeutung im Sinne *v. Behrings*? – Der zweite Teil der Frage läßt sich auf Grund von Erfahrungen mit nein beantworten: man hat festgestellt, daß in Japan, wo unter der Bevölkerung die Tuberkulose, insbesondere die Schwindsucht, sehr verbreitet ist, die Tuberkulose des Rindviehs bis vor kurzem so gut wie unbekannt war. Es war also mit vollkommener Sicherheit auszuschließen, daß für die dortige Bevölkerung *Behrings* Anschauungen zutrafen. – Weit schwieriger ist eine kurze und klare Antwort auf den ersten Teil der Frage zu geben. Von der größten Bedeutung ist hierfür die endgültige Klärung eines augenblicklich noch umstrittenen Punktes: *Robert Koch* selbst hat nämlich vor einer Reihe von Jahren die zunächst gerade aus seinem Munde besonders überraschend klingende Behauptung aufgestellt, der Tuberkelbazillus, der die Tuberkulose des Menschen verursache, und der Erreger der Rindertuberkulose bildeten zwei vollkommen voneinander verschiedene *Arten*, die zwar in einer sehr großen Anzahl von Eigenschaften übereinstimmten, in einigen Punkten aber differierten und vor allen Dingen den ganz außerordentlich bedeutsamen Unterschied aufwiesen, daß der Rinder-Tuberkelbazillus nur für das Rind, der Menschen-Tuberkelbazillus nur für den Menschen gefährlich werden könne. War diese Ansicht richtig, so wären auch die Konsequenzen, die *Robert Koch* zog, unangreifbar: Maßnahmen gegen die Infektion mit Tuberkelbazillen, die vom Rinde stammten, wären zwecklos und überflüssig.

Bei der einschneidenden Bedeutung dieser Behauptung ist es begreiflich, daß eine außerordentlich lebhafte Diskussion darüber entstand. Es war mit Sicherheit festgestellt, daß verschiedene Arten von Tuberkelbazillen existierten: die Erreger der Tuberkulose von manchen Kaltblütern z. B. unterschieden sich konstant und durch auffällige Merkmale von den Menschen-Tuberkelbazillen. Es war auch bereits bekannt, daß sich konstante oder nahezu konstante Unterschiede zwischen Tuberkelbazillen, die vom Rind, und solchen, die vom Menschen stammten, nachweisen ließen, insbesondere wußte man, daß Tuberkelbazillen aus menschlichen Krankheitsprodukten im Tierexperiment für Rinder, aber auch für Kaninchen gewöhnlich nur geringe Virulenz zeigten, während Rinder-Tuberkelbazillen eine viel höhere Virulenz gegenüber diesen Tieren besaßen.

Die Frage, die für das Menschengeschlecht allein beantwortet werden muß, ist aber die, *ob dem Menschen* außer dem menschlichen Tuberkelbazillus nicht auch der *Rinder*-Tuberkelbazillus gefährlich werden kann. Diese Frage war naturgemäß auf experimentellem Wege nicht zu beantworten, und man hat sich bemüht, sie dadurch zu entscheiden, daß man in möglichst großem Umfange die aus menschlichen Krankheitsfällen gezüchteten Tuberkelbazillen daraufhin untersuchte, ob sie zum »Typus humanus« oder zum »Typus bovinus« gehörten. Über diese Frage sind gerade augenblicklich noch umfassende Erhebungen im Gange, deren Resultat abgewartet werden muß. Aus einer Reihe von einschlägigen Untersuchungen geht aber immerhin jetzt schon hervor, daß auch aus menschlichen tuberkulösen Krankheitsprodukten, wenn auch vergleichsweise selten, Tuberkelbazillen isoliert werden können, die die Eigenschaften des Typus bovinus aufweisen und daß vom Menschen stammende Tuberkelpilze (vom Typus humanus) im Körper des Rindes (bei künstlicher Infektion) rasch eine hochgradige Virulenz auch für *Rinder* erwerben. (Prof. *Eber*.) Und so sieht es denn vorläufig so aus, als ob die *Koch*sche Anschauung mit ihren Konsequenzen den Sieg nicht behalten könne. Dadurch würde die Notwendigkeit energischer Bekämpfung der Tuberkulose des Rindviehs dann wieder außer Frage gestellt werden.

Bekanntlich hat *von Behring* vor wenigen Jahren ein Verfahren angegeben, um Kälber durch Impfung mit lebenden *menschlichen* Tuberkelbazillen gegen Infektion mit *Rinder*tuberkulose immun zu machen. Noch ist der Wert dieses Verfahrens aber lebhaft umstritten.

Beim Menschen ist an analoge Versuche noch nicht zu denken.

Und so bleibt denn vorläufig die wichtigste Waffe im Kampfe gegen die Tuberkulose die Verhütung der Ansteckung durch Vernichtung des Auswurfes Schwindsüchtiger einerseits, durch Bekämpfung der Tuberkulose des Rindviehs andererseits.

Mit wenigen Worten müssen wir am Schlusse dieser kleinen und durchaus unvollständigen Skizze des heutigen Standes der wissenschaftlichen Tuberkuloseforschung noch auf eine Frage zurückkommen, die wir eingangs flüchtig streiften, die Frage nach der »Vererbung« der Tuberkulose. Es ist in den letzten Jahren in einigen wenigen Fällen der Nachweis gelungen, daß – man kann wohl sagen: ausnahmsweise – selten ein Übergang von

Tuberkelbazillen auf das Kind im Mutterleibe vorkommt. Bei den spärlichen einschlägigen Beobachtungen handelte es sich stets um *sehr schwere* tuberkulöse Erkrankung der Mutter.

Für die überwiegende Mehrzahl aller Fälle von sogenannter »Vererbung« der Tuberkulose müssen wir nach dem heutigen Stande unserer Kenntnisse diesen Vorgang, die direkte Übertragung von Keimen vom mütterlichen auf den kindlichen Organismus, *ausschließen* (– bis zum Beweis des Gegenteils!).

Wie erklärt sich dann aber die oft so augenfällige »Erblichkeit« der Krankheit? Diese Frage wird unendlich oft dem Arzte gestellt werden und je nach dessen Anschauungen und Erfahrungen verschieden beantwortet werden. Wir wollen versuchen, festzustellen, wie weit sie exakt beantwortet werden kann: Es steht außer Zweifel, daß Kinder, die in der nächsten Umgebung eines an Schwindsucht Leidenden aufwachsen, der Infektionsgefahr in höherem Maße ausgesetzt sind, als Kinder aus gesunder Familie. Wir haben in dieser Tatsache also eine gewisse Erklärung für ihre relativ häufigere frühere oder spätere Erkrankung an Tuberkulose.

Im naturwissenschaftlichen Sinne kann dabei von »Vererbung« keine Rede sein; vererbbar sind nur Eigenschaften, die an der väterlichen oder mütterlichen Keimzelle haften und bei deren Verschmelzung (der Zeugung) dem neu entstehenden Organismus übertragen werden. – Jede spätere Infektion des Kindes durch die Eltern hat mit »Vererbung« nichts zu tun.

Nun wird aber mit einem gewissen Recht von vielen Forschern geltend gemacht werden, daß man bestimmte Merkmale im Körperbau (große Schlankheit, Zartheit des Skeletts, schmaler flacher Brustkorb u. a. m.) bei Schwindsüchtigen außerordentlich häufig findet. Dieser sogenannte »phthisische Habitus« sei der äußerliche Beweis für die Vererbung einer besonderen Neigung oder »*Disposition*« zur Lungentuberkulose.

Man kann darauf nur erwidern: Es ist möglich, aber es ist *nicht notwendig*, daß diese Annahme richtig ist. Man kann das Vorkommen dieser Eigentümlichkeiten in naheliegender Weise mit der Tuberkulose in ursächliche Beziehung bringen, ohne den immerhin unklaren Begriff der Disposition in Betracht ziehen zu müssen: wenn durch viele Generationen hindurch in einer Familie Lungenschwindsucht bestanden hat, die immer wieder durch Infektion der Kinder mit den Bazillen aus dem Auswurf der Eltern entstand – so erklärt sich darauf als ein ganz allmählich erworbener *Folgezustand* die Flachheit und Schmalheit wie auch die allgemeine Schwächlichkeit des Körperbaus. – Es ist aber umgekehrt nicht nötig, die *Ursache* der tuberkulösen Erkrankung vieler Generationen derselben Familie in einer dieser eignenden Disposition zu suchen.

Praktisch wichtig ist an dieser Überlegung, daß man die Bedeutung der »Disposition« nicht überschätzen soll, wie das zuweilen geschieht. Die Schlußfolgerung pflegt ungefähr diese zu sein: Die Gefahr der Infektion mit Tuberkelbazillen ist angesichts der großen Verbreitung der Keime in unserer Umgebung enorm; entscheidend für das Zustandekommen der Schwindsucht ist aber die »Disposition« dazu. Wir haben in erster Linie deshalb alles zu tun, um durch allgemeine hygienische und diätetische Maßregeln dieser Disposition entgegenzuarbeiten.

Wir sagen dagegen: Es kann gewiß gar nicht genug geschehen, um Gesundheitszustand und Widerstandsfähigkeit jedes Einzelnen zu heben; zur Bekämpfung der Tuberkulose gehört aber vor allem die Vernichtung der Tuberkelbazillen im Auswurf des Schwindsüchtigen und die Vermeidung aller der Gefahren, die dem Menschen durch die Verbreitung der Rindertuberkulose erwachsen (Milchhygiene); denn während die Bedeutung der »Disposition« für die Tuberkulose schwer abschätzbar ist, steht die Bedeutung des Tuberkelbazillus als Ursache der Krankheit außer jedem Zweifel.

Syphilis.

Viele Gründe sprechen für die von vermiedenen Forschern nachdrücklich vertretene Anschauung, daß die Syphilis bis zur Entdeckung Amerikas in Europa nicht vorgekommen ist; eine Reihe von Tatsachen macht ihre Einschleppung durch die Leute des Columbus im Jahre 1493 zudem äußerst wahrscheinlich. Sicher ist, daß im folgenden Jahre im Heere Karls VIII. von Frankreich während der Belagerung Neapels die Krankheit verbreitet war, vermutlich durch spanische Soldaten vermittelt. Sicher ist weiter auch, daß die Syphilis sich im unmittelbaren zeitlichen Anschluß an diesen Feldzug in Europa mit einer außerordentlichen Schnelligkeit verbreitete, die ihre nächstliegende Erklärung in einer Verschleppung des Krankheitskeimes durch die nach Hause – d. h. in aller Herren Länder – zurückströmenden Truppen findet. Während der folgenden Jahrzehnte wütete die Seuche in ganz Europa in schrecklicher Weise. Der Krankheitsverlauf war meist außerordentlich schwer, die Erscheinungen pflegten sehr heftig aufzutreten und sehr rasch aufeinander zu folgen. Auch diese durch zahlreiche Zeugnisse der Ärzte jener Zeit gesicherte Tatsache ist mit der Annahme gut vereinbar, daß die Krankheit eine bisher völlig syphilisfreie Bevölkerung überfiel.

Immerhin halten trotz dieser und anderer Argumente einzelne Forscher die Herkunft der Seuche aus Amerika nicht für bewiesen. Ihre Ansicht, daß schon vor Columbus' Zeiten die Syphilis in Europa vorgekommen ist, kann sich vorderhand aber auf wirklich einwandfreie Gründe nicht stützen. Sie wird nur Anerkennung finden können, wenn der sichere Nachweis unzweifelhafter syphilitischer Veränderungen an Skeletten erbracht werden kann, die zweifellos aus der Zeit vor 1493 herrühren. Allenfalls könnten auch Abbildungen sicher syphilitischer Veränderungen aus einer nachweislich vor der Entdeckung Amerikas gelegenen Zeit als Beweis im gleichen Sinne herangezogen werden.

Bis zum Beweis des Gegenteils scheint aber die Ansicht mehr Aussicht auf den endgültigen Sieg zu haben, nach der die Einschleppung der Krankheit aus Amerika erfolgt ist.

Die Syphilis ist eine ausgesprochen chronisch verlaufende, in ihren frühen Stadien sehr ansteckende Krankheit, die, von verschwindend seltenen Ausnahmen abgesehen, nur bei direkter Berührung von Mensch zu Mensch übertragen wird. An der Infektionsstelle entsteht nach einer Inkubationszeit von meist etwa drei Wochen ein Geschwür, das sehr langsam heilt und dessen Ränder und Grund sich allmählich verhärten. Nach einer zweiten Inkubationszeit von mehreren Wochen zeigen sich dann im einzelnen Falle sehr verschiedene »Sekundär«-Erscheinungen, die in Hautausschlägen, Katarrhen, Schleimhautgeschwüren, allgemeinen Lymphdrüsenschwellungen und gewissen Störungen des Gesamtbefindens bestehen. Zuweilen sind diese Sekundärerscheinungen sehr geringfügig, so daß sie selbst vom Arzte, der nicht beständig den Patienten vor Augen hat, kaum festgestellt werden können. Unter geeigneter Behandlung gehen sie meist bald zurück. Meist erst nach Jahren können dann besonders schwere Erscheinungen, die für die dritte Periode der Krankheit charakteristisch sind (Tertiärerscheinungen) auftreten; sie bestehen in erster Linie in der Bildung knotiger, sogenannter gummöser Herde, die sich in sämtlichen Organen und Geweben des Körpers entwickeln können und so zu den allerverschiedensten Krankheitserscheinungen Anlaß geben können. Durch Zerfall solcher Knoten kann es zu umfangreichen Zerstörungen und Geschwürsbildungen, z. B. im Gaumen, kommen, verhältnismäßig häufig sind die schweren Zerstörungen der Nase durch gleichartige Prozesse, die das Einsinken des Nasenrückens, die Entstehung der Sattelnase zur Folge haben. Von den inneren Organen sind besonders häufig die Leber und das Zentralnervensystem von diesen tertiären Prozessen befallen. Ferner sind dieser Periode der Syphilis noch schwere Krankheitsveränderungen in den Schlagadern, besonders in der großen Schlagader eigen, die den Tod durch Störung der Blutzirkulation zur Folge haben können. Auch die Krankheitsprozesse der dritten Periode sind, wenn sie rechtzeitig erkannt werden, in weitem Umfange durch die ärztliche Behandlung beeinflußbar, vielfach sogar heilbar. Andererseits wird die traurige Bedeutung der sehr verbreiteten Krankheit noch durch die Tatsache erhöht, daß dem einmal syphilitisch Infizierten, auch wenn die Krankheit sonst anscheinend milde verlaufen ist, noch Jahre nach ihrer Erwerbung bestimmte Rückenmarks- und Gehirnleiden drohen; mit ihr im Zusammenhang stehen die sogenannte

Rückenmarksschwindsucht (Tabes) und die Gehirnerweichung (progressive Paralyse).

Wohl die traurigste Eigenschaft der Syphilis aber beruht darin, daß die syphilitisch erkrankte Frau dem eigenen Kinde schon im Mutterleibe den Krankheitskeim mitteilen kann: Es kommt dann zur Geburt toter oder syphilitisch kranker und lebensunfähiger Kinder.

Als Erreger der Syphilis wurde vor wenigen Jahren von dem kurz darauf in noch jugendlichem Alter verstorbenen deutschen Zoologen *Schaudinn* ein außerordentlich zarter und kleiner schraubenförmiger Mikroorganismus, die sogenannte Spirochaete pallida entdeckt (vgl. Abb. 33); die ursächliche Bedeutung dieses Mikroorganismus ist heute durch zahlreiche Untersuchungen von verschiedenster Seite außer Zweifel gestellt; noch ist es aber nicht gelungen, die Spirochaete zu kultivieren. Noch sind auch die Ansichten darüber geteilt, ob dieser Mikroorganismus zu den Spaltpilzen oder zu den niedersten tierischen Kleinlebewesen gehört.

Der Nachweis der Spirochaeten gelingt leicht in den primären und sekundären Krankheitsprodukten der Syphilis; in denen der tertiären Syphilis sind sie äußerst selten zu finden. Da diese letzteren besonders häufig in inneren Organen lokalisiert sind, so ist der Versuch des Nachweises der Erreger während des Lebens meist überhaupt ausgeschlossen.

Für die sichere Aufklärung der spezifischen Natur solcher Erkrankungen ist, wie überhaupt für die Diagnostik der Syphilis von sehr großer Bedeutung eine von *Wassermann* gefundene charakteristische Reaktion des Blutserums syphilitischer Individuen. Der Mechanismus dieser Reaktion ist zu kompliziert, als daß ein Versuch seiner Erklärung hier angebracht wäre. Auch ist es nicht an der Zeit, ihre Bedeutung im Einzelnen zu erörtern, da diese noch unter den Fachleuten lebhaft diskutiert wird. An dem großen diagnostischen Wert der Wassermannschen Entdeckung ist aber kein Zweifel.

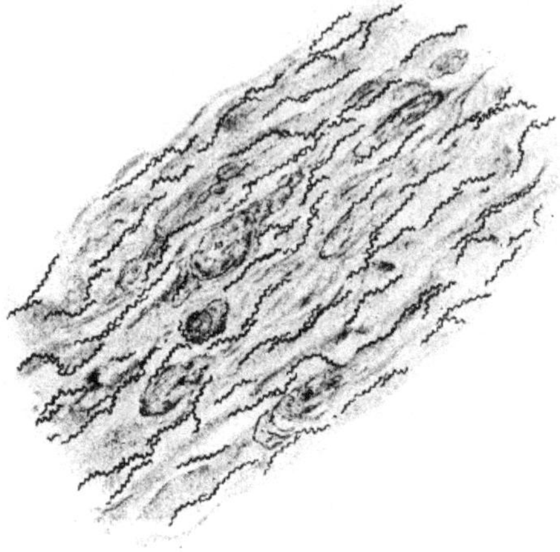

Abb. 33.
Spirochaeten in der Darmwand eines syphilitisch kranken neugeborenen Kindes. Schnittpräparat.

Versuche, gegen die Syphilis zu immunisieren, sei es auf »aktivem«, sei es auf »passivem« Wege, haben bisher noch keinen Erfolg gehabt; es ist möglich, daß die Zukunft uns ein wirksames Verfahren bringt. Die ersten Schritte auf diesem Wege sind insofern getan worden, als durch den Nachweis der Übertragbarkeit von Syphilis auf Affen, der zuerst von *Metschnikoff* und *Roux* erbracht wurde, der experimentellen Syphilisforschung vor einigen Jahren die Wege geebnet wurden.

Wenn auch ein *spezifisches* Heilmittel im Sinne der Immunitätsforschung für diese Krankheit noch nicht existiert, so hat der Arzt doch anderseits gerade ihr gegenüber sehr wirksame Medikamente in der Hand, durch deren sachgemäße Anwendung die Krankheit in außerordentlich hohem Maße beeinflußt, ja geheilt werden kann. Die Wirksamkeit dieser Mittel – besonders des Quecksilbers und des Jodkaliums – zeigt sich in ihrem außerordentlich energischen Einfluß auf einzelne Erscheinungen der Krankheit, der nur in ungewöhnlich schweren Fällen versagt. Sie zeigt sich weiterhin auch in einer statistisch nachweisbaren günstigen Beeinflussung des späteren Verlaufes der Krankheit nach ausgiebiger Behandlung, wenn man zum Vergleich unbehandelte Fälle heranzieht. Der bekannte französische Syphilidologe *Fournier* kommt auf Grund sehr großer Erfahrungen zu dem Schluß, daß die Syphilis heilbar sei, nicht nur in ihren Folgen für das Individuum allein, sondern auch in Hinsicht auf die Gefahr der Infektion der Nachkommenschaft – freilich nur unter der Voraussetzung, daß ausreichende sachgemäße Behandlung stattfindet.

Da nur das syphilitische Individuum mit manifesten Krankheitserscheinungen zur Verbreitung der Seuche fähig ist, so ergibt sich als wichtigste Maßnahme zu deren Eindämmung die gründliche, rasche, sachgemäße Behandlung jedes syphilitisch Kranken einerseits, die Vermeidung der Krankheitsübertragung durch ansteckend Kranke anderseits. Da im allgemeinen die Infizierten nur in den ersten Jahren ihrer Erkrankung wieder ansteckungsfähig sind, so kann die Belehrung über die Gefahr, die sie für gesunde Menschen darstellen, ein weiteres Mittel zur Verhütung von Neuinfektionen bilden. Vor allem aber wird das Urteil des Arztes darüber zu entscheiden haben, ob und wann ein einmal syphilitisch infiziert Gewesener eine Ehe eingehen darf. Wird die Erlaubnis hierzu zu früh gegeben, so kann durch Infektion der Frau und durch die Schädigung der Nachkommenschaft nicht wieder gut zu machendes Unheil gestiftet werden.

In einzelnen Staaten sind daher gesetzgeberische Bestimmungen getroffen, die z. B. die Genehmigung einer Eheschließung von der Beibringung eines Gesundheitsattestes abhängig machen; es kann keinem Zweifel unterliegen, daß solche Bestimmungen segensreich wirken können.

Es könnte nach dem Gesagten scheinen, als müßte die Ausrottung der Syphilis in einem Kulturlande ein leichtes sein: Es müßte genügen, von einem gegebenen Augenblick an alle von der Krankheit Befallenen dahin zu bringen, daß sie jede Verbreitung der Infektion so lange auf das ängstlichste vermeiden, bis sie durch gründliche Behandlung geheilt sind. Bisher hat man trotz aller Bemühungen auf diesem Wege der Ausbreitung der Syphilis noch nicht steuern können. Der Hauptgrund für diese betrübende Erscheinung liegt in sozialen Verhältnissen, vor allem in der Prostitution, über deren Duldung oder Unterdrückung hier nicht geredet werden soll.

Lepra.

Die Lepra oder der »Aussatz« ist eine Krankheit von ganz ausgesprochen langwierigem Verlauf, die im einzelnen außerordentlich verschiedene Erscheinungen zeigt, in ihren Endstadien aber in der Regel ihre bedauernswerten Opfer in grauenerregender Weise entstellt. Ihre gewöhnliche Form ist die Knotenlepra, die durch die Ausbildung von kleineren und größeren Knoten in der Haut und den Schleimhäuten ausgezeichnet ist, aber auch die inneren Organe befällt. Diese knotige Lepra kann durch Zerfall von Knoten zu Geschwürsbildungen und, namentlich im Gesicht, dadurch auch zu erheblichen Zerstörungen und Entstellungen führen. Besonders grauenerregend sind aber die Ausgänge der anderen Form der Krankheit, der sogenannten Nervenlepra, die mit schweren Störungen der Ernährung der Weichteile und Knochen einhergeht und in ihren Endstadien ausgedehnte Verstümmelungen der Gliedmaßen, besonders der Hände und Füße und des Gesichts, herbeiführt.

Ob die Lepra mit dem Aussatz der Bibel identisch ist, das wissen wir nicht, es ist aber unwahrscheinlich. In den heutigen Kulturländern Europas war sie im Mittelalter außerordentlich verbreitet, und zwar scheint sie hauptsächlich während der Kreuzzüge große Fortschritte gemacht zu haben. Schon im 9. und 10. Jahrhundert werden einzelne Leprahäuser auf deutschem Boden erwähnt, auch erfahren wir von gesetzlichen Bestimmungen, z. B. Heiratsverboten, die gegen die Verbreitung der Krankheit gerichtet waren, schon unter Pipin und Karl dem Großen. Am Anfange des 13. Jahrhunderts aber bereits gab es in Frankreich 2000 Leprahäuser. Die Überzeugung von der Ansteckungsfähigkeit der Krankheit führte zu sehr strengen Bestimmungen; der als leprös Erkannte mußte sich in ein Leprahaus aufnehmen lassen. Bekannt ist ja die Vorschrift, die den Leprösen zwang, sich durch Klingeln mit einer Schelle bemerkbar zu machen, wenn er sich menschlichen Wohnungen, in erster Linie zum Zwecke des Bettelns, nähern wollte. Heute ist die Lepra in Deutschland so gut wie unbekannt, nur im äußersten Nordosten von Preußen gibt es einige wenige Lepröse, die ihre Ansteckung zweifellos aus den russischen Ostseeprovinzen bekommen haben, in denen die Krankheit noch heimisch ist. Ein kleiner Lepraherd findet sich weiter in Frankreich, in der Bretagne, ein weiterer in Norwegen. Die südeuropäischen Länder sind ebenfalls nicht ganz frei von der Krankheit, so die Türkei und Rußland. Sehr zahlreiche Leprafälle trifft man vor allem in Vorder- und Hinter-Indien und auf den malayischen Inseln. In Amerika sind einzelne Staaten an der Nordküste von Südamerika stärker von der Krankheit befallen, die sonst selten ist, auch Afrika besitzt einige Lepraherde.

Die Ursache der Krankheit ist der von dem norwegischen Forscher *Hansen* 1868 zuerst beobachtete Leprabazillus, ein schlankes, dem Tuberkelbazillus in mancher Hinsicht ähnliches, unbewegliches Stäbchen, das sich in ganz kolossalen Mengen in den Lepraknoten der Haut und Schleimhäute, besonders häufig auch im Nasensekret bei geschwürigen Prozessen der Nase, bei der Nervenlepra endlich im Zwischengewebe der Nerven findet. Die Kultur dieses Stäbchens ist trotz sehr zahlreicher Bemühungen nicht gelungen, auch sind bisher noch alle Versuche, die Krankheit auf Tiere der verschiedensten Arten überzuimpfen, fehlgeschlagen. Unsere Anschauungen von der Verbreitungsweise der Krankheit und somit auch die Maßnahmen zu ihrer Eindämmung, gründen sich also ganz ausschließlich auf die Beobachtungen am Menschen.

Es steht unzweifelhaft fest, daß die Krankheit ausschließlich bei Individuen auftritt, die einmal in ihrem Leben mit Leprösen in Berührung gekommen sind, freilich ist die Inkubationszeit außerordentlich lang, allem Anschein nach erstreckt sie sich über Jahre. Die Art und Weise der Übertragung der Keime ist noch nicht völlig aufgeklärt; besonders gefährlich scheint das bazillenhaltige Nasensekret zu sein, das sich in einem großen Teil der Fälle findet. Jedenfalls aber findet die Übertragung nur bei intimer Berührung resp. bei mangelnder Reinlichkeit statt; das wird auf das schlagendste bewiesen durch die Tatsache, daß *Hansen* selbst in jahrzehntelanger Tätigkeit auch nicht einen einzigen Fall von Übertragung der Krankheit auf das *Pflegepersonal* gesehen hat. Daß die Lepra allein durch die Isolierungsmethode auf das wirksamste bekämpft werden kann, zeigt das Beispiel Norwegens, wo die Zahl der Leprösen von 2870 im Jahre 1856 auf 577 im Jahre 1900 herabgegangen ist. Seit dem Jahre 1885 besteht dort der gesetzliche Zwang zur Aufnahme in ein Leprahaus für jeden von der Krankheit Befallenen, der nicht die Möglichkeit nachweist, in seiner eigenen Wohnung bestimmten, der Isolierung dienenden Vorschriften strengstens nachzukommen. In manchen Staaten ist Leprösen das Eingehen einer Ehe nicht gestattet; diese Bestimmung erscheint durchaus gerechtfertigt, solange die Krankheit, wenn sie einmal ausgebrochen, als unheilbar zu gelten hat.

In neuester Zeit berichteten die Zeitungen über günstige Erfolge, die der deutsche Forscher *Deycke* mit einem Impfstoff gegen die Lepra erzielt haben soll. Vor der genauen Veröffentlichung der Resultate, die bisher noch aussteht, wird man sich jedes Urteils über den Wert des neuen Mittels enthalten müssen.

Schlußwort.

Rückblick und Ausblick.

Man hört zuweilen in Laienkreisen ungeduldige und abfällige Urteile über die Bakterienforscher und ihre Erfolge: »Wozu hilft uns die Entdeckung immer neuer Krankheitserreger, wenn man nicht gleichzeitig Mittel findet, um die Menschheit von ihnen zu befreien!« In der Tat, für unsere Wünsche und Hoffnungen geht der Fortschritt der Wissenschaft im Kampfe mit diesen tückischen kleinen Feinden immer zu langsam. Wir müssen mit Bedauern eingestehen, daß trotz aller geleisteten Arbeit noch immer unübersehbares Elend durch die pathogenen Bakterien entsteht. Das gilt auch, wenn wir von den außerordentlich großen Verlusten an Menschenleben ganz absehen, die auf Rechnung der *exotischen Seuchen* zu setzen sind, wenn wir also nur unser Klima und die Verhältnisse in Europa betrachten.

Ein Versuch, ein zuverlässiges Urteil darüber zu gewinnen, welchen Schaden der Kulturmenschheit die bakteriellen Infektionskrankheiten heute noch zufügen, stößt auf große Schwierigkeiten. Wir müßten etwa festzustellen trachten, wie viele Menschen in einem bestimmten Zeitabschnitte in unserem Klima an bakteriellen Infektionen *erkranken*, wie lange Zeit sie arbeits- und genußunfähig werden, ob und welchen dauernden Schaden die »Geheilten« etwa behalten, wobei besonders auch an die Folgen bestimmter Krankheiten für Ehe und Nachkommenschaft zu denken wäre, endlich: wie viele den Krankheiten erliegen.

Die Beantwortung aller dieser Fragen stößt auf außerordentlich große Schwierigkeiten; am ehesten können wir noch die letzte von ihnen in präziser Weise beantworten – auf Grund von Statistiken über die *Todesursachen*, die uns freilich nur einen gewissen gröbsten Maßstab für die Größe des Schadens geben. Anspruch auf völlige Zuverlässigkeit haben solche Zusammenstellungen streng genommen nur dann, wenn sie sich auf Sektionsbefunde stützen.

Als Beispiel einer solchen Zusammenstellung mag eine von Geheimrat *Marchand* veröffentlichte Todesursachenstatistik dienen, die sich auf die im Leipziger Pathologischen Institut in den Jahren 1900 bis 1905 vorgenommenen Leichenöffnungen stützt:

Von 7140 Todesfällen waren allein 1652 (= 23%) auf Tuberkulose zurückzuführen; 687 (= 9,6%) weitere auf andere ansteckende Krankheiten, während z. B. auf äußere Einwirkungen aller Art (Unglücksfälle, Verbrennungen, Verletzungen) im ganzen 561 (= 7,8%) der Todesfälle zurückgingen. Auf Rechnung von pathogenen Bakterien sind nun aber weiterhin noch eine sehr beträchtliche Zahl von Todesfällen zu setzen, die durch Erkrankung lebenswichtiger Organe *im Anschluß* an eine vorangegangene bakterielle Infektion entstanden sind. (»Nachkrankheiten«, s. o. in Kapitel II.) Die genaue Aussonderung dieser Fälle stößt auf gewisse Schwierigkeiten. Mit einiger Sicherheit kann man in dem hier herangezogenen Material noch mindestens 833 = 11,7% der Fälle in diese Rubrik einordnen. Die Gesamtzahl der sicher durch pathogene Bakterien verursachten Todesfälle beträgt demnach für unser Material 3172 = 44,4% der Gesamttodesfälle.

Nur *eine* Krankheitsgruppe kann sich an trauriger Bedeutung für die Menschheit mit den Infektionskrankheiten messen: die »bösartigen Geschwülste«, die »Krebskrankheit« im weiteren Sinne, die in unserer Statistik mit 799 = 11,2% der Todesfälle vertreten ist.13

Wir müssen also ohne weiteres einräumen, daß auch heute noch – trotz der gepriesenen Großtaten der Wissenschaft – unendlich großes Elend durch pathogene Bakterien der Menschheit bereitet wird. Haben wir deshalb Grund zu verzagen, die Hände in den Schoß zu legen? Gewiß nicht; im Gegenteil, wir haben allen Grund, hoffnungsvoll in die Zukunft zu sehen. Dazu berechtigen uns die wirklich erreichten Erfolge. Freilich ist es noch außerordentlich viel schwieriger, von ihrem Umfang eine annähernd richtige Vorstellung zu gewinnen, als von den Verwüstungen, die die Infektionskrankheiten anrichten.

Die einfachsten und deshalb durchsichtigsten Verhältnisse finden wir bei den beiden Krankheiten, die wir am wirksamsten bekämpfen gelernt haben, bei den »Pocken« und bei der »Diphtherie«. Man kann wohl annehmen, daß im 18. Jahrhundert in Europa im allgemeinen 1/14 bis 1/12 aller Todesfälle durch Blattern verursacht waren. (*Kübler*, Geschichte der Pocken und der Impfung S. 101.) Heute ist *diese* Krankheit in Deutschland so gut wie unbekannt, in den andern Kulturländern ebenfalls um so seltener, je allgemeiner die Schutzpockenimpfung durchgeführt ist. Hier dürfen wir mit Recht also von einem vollständigen Sieg der Kulturmenschheit über einen Infektionskeim sprechen.

Nicht ganz so günstig liegen die Erfolge gegenüber der Diphtherie, die auch nach der Einführung des *Behring*schen Heilserums immer noch Opfer fordert; darüber aber sind Ärzte und Laien sich einig, daß auch diese gefürchtete Krankheit seit der Entdeckung dieses Mittels ihren Schrecken größtenteils verloren hat. Das beweisen vor allem auch die statistischen

Feststellungen, die von jenem Augenblick an einen ganz erheblichen Abfall der Diphtherie-Sterblichkeit zeigen.

Auch die Wutschutzimpfung mit ihren segensreichen Folgen gehört zu den unmittelbaren Erfolgen der Wissenschaft; ebenso ist hier die siegreiche Bekämpfung bakterieller Tierseuchen noch einmal zu erwähnen.

Aber – kommt der ungeduldige Leser wieder zum Worte – gegen alle die vielen anderen Krankheitserreger, die entdeckt und bis auf alle Einzelheiten ihrer Lebensbedingungen und Lebensäußerungen untersucht worden sind, hat man immer noch kein Radikalmittel von zweifellosem Wert? Die Antwort lautet: Nein; aber man hat vielversprechende Anfänge an verschiedenen Punkten, und wir dürfen hoffen, daß manche der Heilsera und manche Schutzimpfungsmethoden sich noch bewähren werden, oder aber, daß bessere Mittel an ihre Stelle treten werden.

Wir dürfen also *hoffen*, wird der Leser erwidern – mit anderen Worten: Zukunftsmusik! – Doch nicht ganz; denn man vergißt in seiner Ungeduld über dem Wunsche nach radikalen Heil- und Schutzmitteln, die ja freilich als letztes praktische Ziel aller Forschung über pathogene Bakterien vorschweben, den großen *mittelbaren* Nutzen, den die bisherigen Ergebnisse der Wissenschaft schon gehabt haben.

Es ist hier schlechterdings nicht möglich, im einzelnen auszuführen, welchen Umschwung in den ärztlichen Anschauungen, in der Erkennung, Behandlung und vor allem in der *Verhütung* von Krankheiten die Bakteriologie herbeigeführt hat. Hier muß vor allem auf den schwer schätzbaren, aber sicher gewaltigen Fortschritt hingewiesen werden, den die *Verhütung der Seuchen* gemacht hat. Aber nicht nur exotischen Krankheiten stehen wir bei weitem besser gerüstet gegenüber als vor den Erfolgen *Robert Kochs*; auch den endemischen Infektionskrankheiten können wir wirksamer als zuvor entgegentreten.

Von unabsehbarer Bedeutung für die Menschheit ist aber ferner der gewaltige Aufschwung, den die *operative Medizin* – in erster Linie dank den Errungenschaften der Bakteriologie – genommen hat. Die Voraussetzung für die erstaunliche Entwickelung der Chirurgie im Verlauf der drei letzten Jahrzehnte war die Entdeckung der Ursachen der Wundkrankheiten und die Ausbildung der Methoden zu ihrer Verhütung. Wer vermag zahlenmäßig zu belegen, wieviele Menschenleben um Jahre, ja Jahrzehnte, verlängert worden sind durch chirurgische Eingriffe, die früher gar nicht gewagt werden konnten, weil sie sicheren Tod des Operierten zur Folge gehabt hätten! Gerade auch der gefürchteten Krebskrankheit gegenüber hat so – auf Umwegen – die Entdeckung der pathogenen Bakterien zu großen Erfolgen geführt, indem sie operative Eingriffe ermöglichte, an die sich vor der

Einführung von Antisepsis und Asepsis in die Chirurgie auch der kühnste Operateur mit Recht nicht heranwagte.

Kurz: die mittelbaren und unmittelbaren praktischen Ergebnisse der Wissenschaft für den Kampf gegen die Infektionskrankheiten sind heute schon gewaltig große, und mit Recht verehrt die Menschheit unter ihren Wohltätern *Jenner*, *Pasteur*, *Koch*, *Behring*. Mit Recht dürfen wir aber auch hoffen, daß der unaufhaltsame Fortschritt der Wissenschaft der Menschheit immer neue Mittel in die Hand geben wird, der pathogenen Bakterien Herr zu werden, ja, daß einmal der Tag kommen wird, an dem man, wenn nicht alle, so doch manche oder viele Arten dieser Schädlinge ebenso unschädlich gemacht hat, wie den Pockenkeim, der Tag, an dem man von Cholera und Pest, ja von Syphilis und Tuberkulose nur noch aus den Büchern der Geschichte erfahren wird, der Tag, an dem man die Abbildungen von diesen Krankheiten mit dem gleichen Interesse betrachten wird, mit dem wir heute vor den Skeletten der gewaltigen Tierarten stehen, die unseren Vorfahren nach dem Leben trachteten.

Fußnoten

1 Zur Geschichte der bakteriologischen Wissenschaft vgl. besonders: *Loeffler*, Vorlesungen über die geschichtliche Entwicklung der Lehre von den Bakterien. Leipzig 1887.

2 Näheres über die Urzeugung s. bei *Gutzeit*, l. c., S. 16 ff.

3 Näheres siehe bei *Gutzeit*, S. 22 ff.

4 Die Einrichtung unserer modernen Mikroskope ist recht kompliziert und mit wenigen Worten nicht zu erörtern. Eine Einführung in die Konstruktion und Verwendung des Mikroskopes findet sich in Bd. 36 dieser Sammlung: Scheffer, Das Mikroskop.

5 pathogen = krankheiterregend von griechisch πάθος = die Krankheit, Stamm γεν = erzeugen.

6 Wir müssen hier mit einigen Worten die Zusammensetzung des Blutes und die wichtigsten Eigenschaften seiner Bestandteile besprechen. Das Blut besteht aus einem flüssigen Bestandteile, dem Plasma, und sehr zahlreichen kleinsten runden Scheibchen, den sogenannten roten Blutkörperchen, die das Hämoglobin enthalten, den roten Farbstoff, der die schöne rote Farbe frischen Blutes bewirkt. Diese Scheibchen sind außerordentlich klein: 1 cbmm, also ein Bluttröpfchen, das kaum größer ist als ein Stecknadelkopf, enthält 4–5000000 davon. Mit Hilfe sehr feiner Meßapparate hat man den Durchmesser eines solchen roten Blutkörperchens des Menschen gleich ungefähr 7 μ bestimmt. Außer den roten enthält das Blut in viel geringerer Zahl noch andere zellige Elemente von etwas verschiedenem Charakter, die im Gegensatz zu jenen farblos sind und als weiße Blutkörperchen (Leukocyten) bezeichnet werden. Sie sind zum Teil ein wenig größer als die roten Blutkörperchen und besitzen ebenso wie niederste tierische Lebewesen, z. B. die Amöben, die Eigenschaft selbständig ihre Gestalt zu verändern und besonders auch kleine körperliche Elemente, die in ihr Bereich kommen, in ihren Zelleib aufzunehmen.

7 *Kübler*, Geschichte der Pocken und der Impfung. Bibliothek von Coler. Bd. 1.

8 Der technische Ausdruck für diese Einverleibungsmethoden lautet: parenteral, was aus dem Griechischen etwa zu übersetzen wäre: unter Vermeidung des Darmweges.

9 Eine eingehendere gemeinverständliche Darstellung dieser höchst interessanten Phänomene von Prof. *Duerck* wird demnächst in dieser Sammlung erscheinen.

10 Eine Landgrenze vollständig zu sperren gilt als nahezu unmöglich – selbst bei der Anwendung der strengsten Maßnahmen. – Der Ausbau der Eisenbahnen, die Europa mit dem Orient verbinden, wird unsere Seuchen-Prophylaxe daher erschweren.

11 Merkwürdigerweise hat sich zusammen mit dem Ausdruck: »die Luft verpesten« auch in weiten Kreisen ein Irrtum erhalten, der den unklaren und falschen mittelalterlichen Vorstellungen vom Wesen und der Entstehung von Seuchen entspricht und selbst in den Kreisen der Journalisten bedauerlicherweise noch lebendig ist: Als am Ende des Jahres 1908 die furchtbare Erdbebenkatastrophe Messina vernichtet hatte, brachten die Tageszeitungen wiederholt die Meldung, man befürchte, die verwesenden Leichen könnten zur Entstehung von Seuchen Anlaß geben. Ja, ein sehr verbreitetes Blatt ließ sich sogar telegraphieren, man beabsichtige, durch ein Bombardement der Trümmerstätte dem Ausbruch der *Pest* vorzubeugen. Dies Bombardement ist mit Recht unterblieben, denn die italienischen Behörden wußten über Seuchenentstehung besser Bescheid als jener Korrespondent. Sie wußten, daß eine Pestepidemie durchaus nur im Anschluß an Pestfälle – bei Menschen oder Tieren – entstehen kann. Da nun vor dem Erdbeben sicher kein Pestfall in Messina vorhanden war, konnte sich auch aus den Leichen kein solcher »entwickeln«, denn die Pesterreger entwickeln sich ebensowenig durch »Urzeugung« wie andere Bakterien. (Vgl. die Einleitung zu diesem Bändchen.)

12 In Band 47 dieser Sammlung findet sich eine Behandlung der Tuberkulose von Schumburg. Ich beschränke mich deshalb hier auf eine ganz kurze Besprechung der wichtigsten Punkte.

13 Für die hier und da verteidigte Ansicht, daß auch die »Krebskrankheit« durch eine *belebte* Krankheitsursache, ein pathogenes Kleinlebewesen, hervorgerufen werde, fehlt bisher jeder Beweis. Alle bisher entdeckten »Krebserreger« haben der Kritik nicht standhalten können.